钢筋工程知识树丛书

平法钢筋计算与实例

（第2版）

陈雪光　主编

江苏人民出版社

图书在版编目（CIP）数据

平法钢筋计算与实例（第2版）/陈雪光主编.
-- 南京：江苏人民出版社,2012.8
（钢筋工程知识树丛书）
ISBN 978-7-214-07107-1

Ⅰ.①平… Ⅱ.①陈… Ⅲ.①钢筋混凝土结构—结构
计算—基本知识 Ⅳ.① TU375.01

中国版本图书馆 CIP 数据核字 (2011) 第 085751 号

平法钢筋计算与实例（第2版）　　　　　　　陈雪光　　主编

责任编辑：刘　淼　翟永梅
责任监印：安子宁
出版发行：凤凰出版传媒集团
　　　　　凤凰出版传媒股份有限公司
　　　　　江苏人民出版社
　　　　　天津凤凰空间文化传媒有限公司
出　　版：江苏人民出版社（南京湖南路 1 号 A 楼　邮编:210009）
发　　行：天津凤凰空间文化传媒有限公司
销售电话：022-87893668
网　　址：http://www.ifengspace.cn
集团地址：凤凰出版传媒集团（南京湖南路 1 号 A 楼　邮编:210009)
经　　销：全国新华书店
印　　刷：北京亚通印刷有限责任公司
开　　本：710 mm × 1000 mm　1/16
印　　张：14
字　　数：266 千字
版　　次：2012 年 8 月第 2 版
印　　次：2020 年 7 月第 2 次印刷
书　　号：ISBN 978-7-214-07107-1
定　　价：34.00 元

本书编委会

内 容 提 要

　　本书依据最新的规范标准编写而成,内容紧紧围绕建筑施工企业的平法钢筋计算展开。以"知识树"的形式系统地介绍了平法钢筋基本知识以及梁构件、柱构件、板构件和剪力墙构件的计算与实例知识。

　　本书通俗易懂,内容新颖全面,具有很强的针对性和实用性并注重实践,经常使用则可以显著提高平法钢筋计算的效率。本书既可作为结构设计人员、施工技术人员、工程监理人员、工程造价预算人员、钢筋工等的参考用书,又可作为大中专院校相关专业的教材使用。

前　言

随着我国国民经济持续、稳定、快速、健康地发展,钢筋以其优越的材料特性,成为大型建筑首选的结构形式,从而使钢筋在建筑结构中的应用比例越来越高。在国外,钢筋工程无论是在设计还是施工方面都已经发展得相当完善。但在我国,由于历史原因,钢筋工程的发展并不是非常理想,因此,钢筋工程事业在我国的发展前景是非常广阔的。

当前国际上通用的建筑制图方法是平法制图,即建筑结构施工图平面整体设计方法,随着与外国交往的增多,我国也采用了此种方法并依此颁布了标准制造详图,用于结构施工详图中。自国家标准《混凝土结构设计规范》(GB 50010－2010)颁布执行以来,《建筑抗震设计规范》(GB 50011—2010)、《高层建筑混凝土结构技术规程》(JGJ 3—2010)相继实施。11G101 系列 3 本新平法图集应运而生,于 2011 年 9 月 1 日执行并全面取代了 03G101 系列 6本图集,原图集废止。

平法大幅度提高了结构设计的效率,极大地解放了生产力。在当前国内房屋开发中,混凝土结构和剪力墙结构所占比重很大,钢筋工程显得尤为重要。平法制图识图与计算对工程效益的影响举足轻重,但是目前能熟练运用平法制图计算的人员为数不多。为满足平法钢筋方面技术人员的需要,帮助广大平法钢筋从业人员系统地学习、掌握及运用平法钢筋的专业技术知识,特依据 11G101 系列新平法图集编写了本书。

由于编者水平和学识有限,尽管编者尽心尽力,反复推敲核实,但仍不免有疏漏或未尽之处,恳请有关专家和读者提出宝贵意见予以批评指正,以便作进一步修改和完善。

编者

2012 年 7 月

目　录

本书知识树

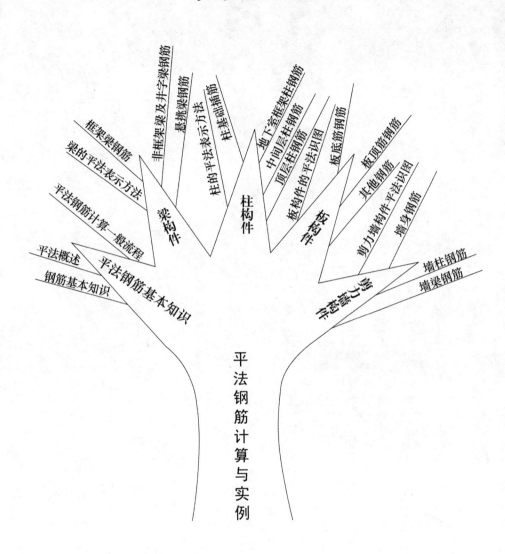

平法钢筋计算与实例

钢筋基本知识
平法概述
平法钢筋基本知识
平法钢筋计算一般流程
梁的平法表示方法
框架梁钢筋
非框架梁及井字梁钢筋
悬挑梁钢筋
梁构件

柱的平法表示方法
柱基础插筋
地下室框架柱钢筋
中间层柱钢筋
顶层柱钢筋
柱构件

板构件的平法识图
板底筋钢筋
板顶筋钢筋
其他钢筋
板构件

剪力墙构件平法识图
墙身钢筋
墙柱钢筋
墙梁钢筋
剪力墙构件

第一章 平法钢筋基本知识

本章知识体系

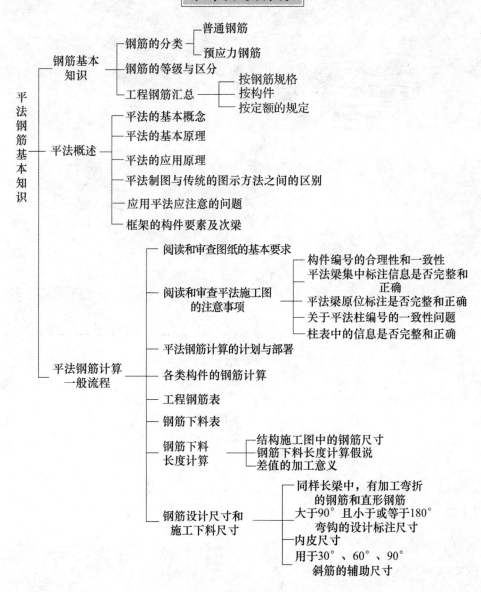

- 平法钢筋基本知识
  - 钢筋基本知识
    - 钢筋的分类
      - 普通钢筋
      - 预应力钢筋
    - 钢筋的等级与区分
    - 工程钢筋汇总
      - 按钢筋规格
      - 按构件
      - 按定额的规定
  - 平法概述
    - 平法的基本概念
    - 平法的基本原理
    - 平法的应用原理
    - 平法制图与传统的图示方法之间的区别
    - 应用平法应注意的问题
    - 框架的构件要素及次梁
  - 平法钢筋计算一般流程
    - 阅读和审查图纸的基本要求
    - 阅读和审查平法施工图的注意事项
      - 构件编号的合理性和一致性
      - 平法梁集中标注信息是否完整和正确
      - 平法梁原位标注是否完整和正确
      - 关于平法柱编号的一致性问题
      - 柱表中的信息是否完整和正确
    - 平法钢筋计算的计划与部署
    - 各类构件的钢筋计算
    - 工程钢筋表
    - 钢筋下料表
    - 钢筋下料长度计算
      - 结构施工图中的钢筋尺寸
      - 钢筋下料长度计算假说
      - 差值的加工意义
    - 钢筋设计尺寸和施工下料尺寸
      - 同样长梁中，有加工弯折的钢筋和直形钢筋
      - 大于90°且小于或等于180°弯钩的设计标注尺寸
      - 内皮尺寸
      - 用于30°、60°、90°斜筋的辅助尺寸

◆ 知识树 1——钢筋基本知识

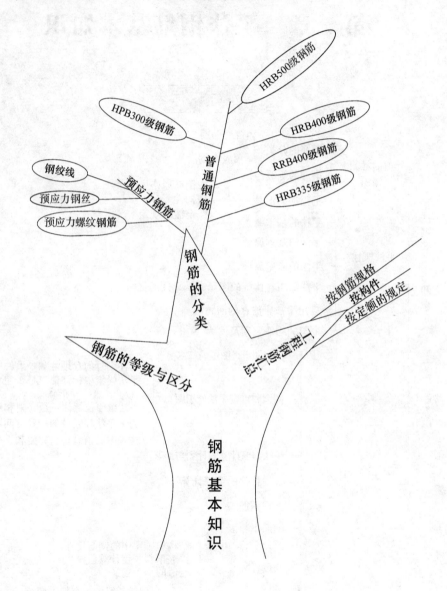

◆ 知识树 2——平法钢筋计算一般流程

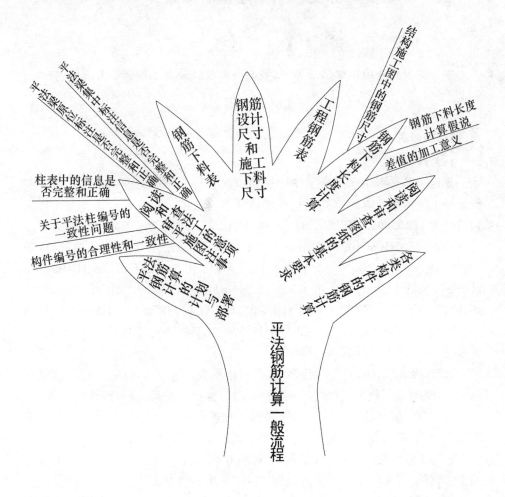

分支一　钢筋基本知识

【要　　点】

本分支主要介绍钢筋的分类、钢筋的等级与区分及工程钢筋汇总等内容。

【解　　释】

◆ 钢筋的分类

1. 普通钢筋

普通钢筋是指用于混凝土结构构件中的各种非预应力筋的总称。用于钢筋混凝土结构中的热轧钢筋包括普通热轧钢筋与细晶粒热轧钢筋。普通热轧钢筋分为 HPB300、HRB335、HRB400、HRB500 四个级别;细晶粒热轧钢筋分为 HRBF335、HRBF400、HRBF500 三个级别。《混凝土结构设计规范》(GB 50010—2010)规定,纵向受力普通钢筋宜采用 HRB400、HRB500、HRBF400、HRBF500 级钢筋,也可采用 HRB335、HRBF335、HPB300、RRB400 级钢筋;梁、柱纵向受力普通钢筋应采用 HRB400、HRB500、HRBF400、HRBF500 级钢筋;箍筋宜采用 HRB400、HRBF400、HPB300、HRB500、HRBF500 级钢筋,也可采用 HRB335、HRBF335 级钢筋。

HPB300 级钢筋:光圆钢筋,公称直径范围为 6～22 mm,在实际工程中只用做板、基础和荷载不大的梁、柱的受力主筋、箍筋以及其他构造钢筋。

HRB335 级钢筋:月牙纹钢筋,公称直径范围为 6～50 mm,是混凝土结构的辅助钢筋,在实际工程中也主要用做结构构件中的受力主筋。

HRB400 级钢筋:月牙纹钢筋,公称直径范围为 6～50 mm,是混凝土结构的主要钢筋,在实际工程中主要用做结构构件中的受力主筋。

RRB400 级钢筋:月牙纹钢筋,公称直径范围为 6～50 mm。强度虽高,但疲劳性能、冷弯性能及可焊性较差,其应用受到一定限制。

HRB500 级钢筋:热轧带肋钢筋,公称直径范围为 6～50 mm,是我国通过对钢筋成分的微合金化而开发出来的一种强度高、延性好的钢筋新品种。

月牙纹钢筋形状,见图 1-1。

2. 预应力钢筋

预应力筋宜采用预应力钢丝、钢绞线和预应力螺纹钢筋。

预应力钢丝:预应力钢丝主要有中强度预应力钢丝和消除预应力钢丝,外形均有光面和螺旋肋两种。

钢绞线:钢绞线是由多根高强钢丝绞合在一起形成的,有 3 股和 7 股两种,

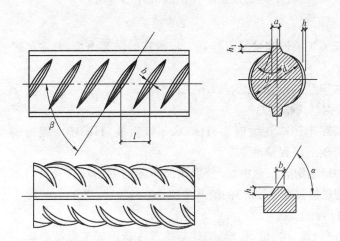

图 1-1　月牙纹钢筋形状

d—钢筋内径;a—横肋斜角;h—横肋高度;β—横肋与轴线夹角;
h_1—纵肋高度;θ—纵肋斜角;a—纵肋顶宽;l—横肋间距;b—横肋顶宽

多用于后张预应力大型构件。

预应力螺纹钢筋:预应力螺纹钢筋是一种热轧成带有不连续的外螺纹的直条钢筋,该钢筋在任意截面处,均可用带有匹配形状的内螺纹的连接器或锚具进行连接或锚固。

◆ **钢筋的等级与区分**

在建筑行业中,旧标准通常把屈服强度在 300 MPa 以上的钢筋称为Ⅱ级钢筋,屈服强度在 400 MPa 以上的钢筋称为Ⅲ级钢筋,屈服强度在 500 MPa 以上的钢筋称为Ⅳ级钢筋。而在新标准《混凝土结构设计规范》(GB 50010—2010)中,Ⅱ级钢筋改称 HRB335 级钢筋,Ⅲ级钢筋改称 HRB400 级钢筋。这两种钢筋的相同点是:均属于普通低合金热轧钢筋;均属于带肋钢筋(即通常说的螺纹钢筋);均可用于普通钢筋混凝土结构工程中。

不同点主要如下。

(1) 钢种不同(化学成分不同)。HRB335 级钢筋是 20MnSi,而 HRB400 级钢筋是 20MnSiV 或 20MnSiNb 或 20MnTi 等。

(2) 强度不同。HRB335 级钢筋的抗拉、抗压设计强度是 300 MPa,而 HRB400 级钢筋的抗拉、抗压设计强度是 360 MPa。

(3) 因钢筋的化学成分和极限强度不同,故韧性、冷弯、抗疲劳等性能方面也不相同。在公称直径和长度都相等的情况下,两种钢筋的理论重量是一样的。

两种钢筋在混凝土中对锚固长度的要求是不同的。钢筋的锚固长度与钢筋的抗拉强度、混凝土的抗拉强度及钢筋的外形有关。

◆ **工程钢筋汇总**

从工程施工的钢筋备料需要和工程预算的需要出发，都需要进行钢筋工程量汇总工作。

常用的钢筋工程量汇总有以下三种形式。

（1）按钢筋规格汇总。

分别按照 HPB300 级钢筋、HRB335 级钢筋、HRB400 级钢筋及 HRB500 级钢筋进行钢筋工程量汇总。

在每种级别钢筋汇总中，应分别按照不同的钢筋规格来进行钢筋工程量汇总。钢筋的规格按直径(mm)的级差排列，如：6、8、10、12、14、16、18、20、22、25……

（2）按构件汇总。

分别按柱、墙、梁、板、楼梯、基础等构件进行钢筋工程量汇总。

在每种构件的钢筋工程量汇总中，可采用上述的方式进行汇总，即：分别按照 HPB300 级钢筋、HRB335 级钢筋、HRB400 级钢筋及 HRB500 级钢筋进行钢筋工程量汇总。

在每种级别钢筋汇总中，应分别按不同的钢筋规格来进行钢筋工程量汇总。

（3）按定额的规定汇总。

不同的定额对钢筋工程量的划分也各有不同，故应具体问题具体分析。例如，有的定额按照"直径在 10 mm 以内""直径在 10 mm 以上、20 mm 以内"和"直径在 20 mm 以上"来划分钢筋工程量。

"直径在 10 mm 以内"的钢筋包括直径为 6 mm、8 mm、10 mm 的钢筋。

"直径在 10 mm 以上、20 mm 以内"的钢筋包括直径为 12 mm、14 mm、16 mm、18 mm、20 mm 的钢筋。

"直径在 20 mm 以上"的钢筋包括直径为 22 mm、25 mm 以及更大的钢筋。

若定额是直接按照不同直径的钢筋进行计价的，就不需对不同直径的钢筋进行汇总。

【相关知识】

◆ **钢材的分类方式**

钢材的分类方式见图 1-2。

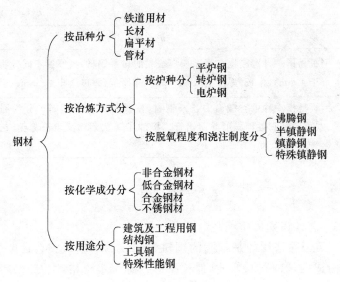

图 1-2　钢材的分类方式

◆ **钢材的品种**

　　钢材按品种划分,见表 1-1。在建筑工程结构中,主要使用的钢材有"钢筋"和"线材"两种。

表 1-1　钢材品种划分

钢材品种	描　述
型材	型材是指断面形状如字母 H、I、U、L、Z、T 等较复杂形状的钢材。按断面高度分为大型型钢、中小型型钢。型材广泛应用于国民经济各部门,如工字钢主要用于建筑构件、桥梁制造、船舶制造;槽钢主要用于建筑结构、车辆制造;窗框钢主要用于工业和民用建筑等
棒材	棒材是指断面形状为圆形、方形、矩形(包括扁形)、六角形、八角形等的简单断面,通常以直条交货,但不包括混凝土钢筋
钢筋	钢筋是指钢筋混凝土和预应力混凝土用钢材,其横截面为圆形,有时为带有圆角的方形,通常以直条交货,但不包括线材轧机生产的钢材。按加工工艺分为热轧钢筋、冷轧(拔)钢筋和其他钢筋;按品种分为光圆钢筋、带肋钢筋和扭转钢筋
线材(盘条)	线材是指经线材轧机热轧后卷成盘状交货的钢材,又称盘条。含碳量0.6%以上的线材俗称硬线,一般用做钢帘线、钢纤维和钢绞线等制品原料;含碳量0.6%以下的线材俗称软线。线材主要用于建筑和拉制钢丝及其制品。热轧线材直接使用时多用于建筑业,作为光圆钢筋

钢材品种	描　述
钢板	钢板是指一种宽厚比和表面积都很大的扁平钢材,按厚度不同分为薄板(厚度小于 4 mm)、中板(厚度为 4~25 mm)和厚板(厚度大于 25 mm)三种
钢管	钢管是指一种中空截面的长条钢材,按其截面形状不同可分为圆管、方形管、六角形管和各种异形截面钢管。按加工工艺不同又可分为无缝钢管和焊接钢管两大类

【实例分析】

【例 1-1】 怎样识别劣质钢筋?

【解】 劣质钢筋采用的是报废的钢轨和回收的旧钢铁。它是由个体小厂小高炉冶炼而成的,其拉伸、弯曲、伸长率等指标很难合格,大都含碳量高、硬、脆、伸长率低。国家标准要求钢筋应弯曲 180°不裂,但有些劣质钢筋落到地上就断成几截。这种劣质钢筋若用到工程上,会造成很大的危害。近几年来,我国劣质钢材的产量每年达几百万吨,给工程和生命财产安全留下了极大的隐患。故识别劣质钢筋是施工人员的职责,同样也是施工人员安全生产的需要。可从以下几方面来识别劣质钢筋。

(1) 认真查看钢筋的产地、品牌和出厂合格证,严禁使用来路不明的钢筋。

(2) 应对准备使用的钢筋进行复验。

(3) 有下列情况之一者可能是劣质钢筋,应送试验室做进一步检验。

① 外观粗糙,肋棱角不分明,有裂纹。

② 弯曲时脆断。

③ 切割费时,火花多,锯片磨损严重。

④ 可焊性极差,在电渣压力焊、电弧搭接焊及水平钢筋窄间隙焊时,试件在焊缝或熔合线处脆断。

⑤ 采用套筒螺纹连接接头时,钢筋头螺纹切削困难,车刀易崩掉或烧毁,车刀使用寿命大幅度下降,螺纹少有完整的。

⑥ 采用套筒冷挤压连接接头时,钢筋端头易在套筒内压断;做抗拉试验时,钢筋从套筒根部断裂。

【例 1-2】 怎样识别"地条钢"?

【解】 "地条钢"是一种劣质钢材,用报废的钢轨、废旧的自行车和回收的破铜烂铁等杂物作为原材料,由个体小厂用淘汰的设备,平烧或立烧等落后的工艺制造出来的钢材。这种直接将原料投炉熔化后流入地槽形成的钢条,被称为"地条钢"。"地条钢"的特点如下。

（1）不具备普通钢材的机械性能、强度和刚度，熔点低，气孔多。

（2）不具备普通钢材的化学性能，成分复杂，大部分含碳量高。

近几年来，一些地方连续发生的楼房倒塌、桥梁垮塌等恶性事故中，有很大一部分原因和建筑钢材的质量有关。据有关统计数据显示，在房屋失火事故中，有80%左右是因使用劣质电线、低压电器和开关引起的，其原材料就是用这种"地条钢"制成的。

识别劣质钢材是建筑施工人员的职责，也是施工人员应掌握的最基本的常识。首先查看钢材的产地、品牌和出厂合格证，来路不明的钢材绝对不能使用，其次必须对准备使用的钢材进行复验。

有下列情况之一者，有可能是采用"地条钢"加工成的劣质钢筋，应及时送试验室进一步检验。

① 外观粗糙，肋棱角不分明，有裂纹。

② 国家标准要求钢筋弯曲180°（或90°）不裂，但劣质钢筋弯曲时极易断裂，有些钢筋落到地上会断成几截。

③ 切割费时，火花大，锯片磨损严重。

④ 可焊性差，在做电弧搭接焊、水平钢筋窄间隙焊或竖向钢筋电渣压力焊时，试件在焊缝熔合处脆断。

⑤ 采用套筒螺纹连接接头时，钢筋头螺纹切削困难，车刀容易崩掉或烧毁，使用寿命大幅度下降，螺纹少有完整的。

⑥ 采用套筒冷挤压连接接头时，钢筋端头易在套筒内压断；做抗拉试验时，钢筋从套筒根部断裂。

分支二　平法概述

【要　　点】

本分支主要介绍平法的基本概念、平法的基本原理、平法的应用原理、平法制图与传统的图示方法之间的区别、应用平法应注意的问题以及框架的构件要素及次梁等内容。

【解　　释】

◆ 平法的基本概念

平法是指混凝土结构施工图平面整体表示方法。平法对我国目前混凝土结构施工图的设计方法作了重大的改革，加快了结构设计的速度，简化了结构设计的过程。

平法的表达形式,概括来讲,是把结构构件的尺寸和配筋等,按照平面整体表示方法的制图规则,整体、直接地表现在各类构件的结构平面布置图上,再与标准构造详图相配合,即构成一套新型完整的结构设计。它改变了传统的那种将构件从结构平面布置图中索引出来,再逐个绘制配筋详图的烦琐方法。

建筑图纸分为建筑施工图和结构施工图两部分。平法设计的实行,使结构施工图的数量大大减少了,一个工程的图纸从过去的百十来张变成了二三十张,不但画图的工作量减少了,结构设计的后期计算也被免去了,这使得结构设计减少了大量枯燥无味的工作,极大地解放了结构设计师的生产力,加快了结构设计的进度。而且,使用平法这一标准的设计方法来规范设计师的行为,在一定程度上还提高了结构设计的质量。

◆ **平法的基本原理**

"平法"把全部设计过程和施工过程作为一个完整的主系统,主系统由基础结构、柱墙结构、梁结构、板结构等多个子系统构成,各子系统有明确的层次性、关联性和相对完整性。

(1)层次性:基础→柱、墙→梁→板,均为完整的子系统。

(2)关联性:柱、墙以基础为支座→柱、墙与基础关联,梁以柱为支座→梁与柱关联,板以梁为支座→板与梁关联。

(3)相对完整性:基础自成体系;柱、墙自成体系;梁自成体系;板自成体系。

◆ **平法的应用原理**

(1)平法将结构设计分为"创造性"设计内容和"重复性"(非创造性)设计内容两个部分,两部分呈对应互补的关系,合并构成完整的结构设计。

(2)设计工程师以数字化、符号化的平面整体设计制图规则完成"创造性"设计内容部分。

(3)"重复性"设计内容部分主要是节点构造和杆件构造,以《广义标准化》方式编制成符合国家建筑标准构造的设计。

由于"平法"设计的图纸具有这样的特性,因此在计算钢筋工程量时,应结合"平法"的基本原理准确理解数字化、符号化的内容,才能正确地计算钢筋工程量。

◆ **平法制图与传统的图示方法之间的区别**

(1)如框架图中的梁和柱,若用平法制图中的钢筋图示方法,施工图只需绘制梁、柱平面图,无需绘制梁、柱中配置钢筋的立面图(梁不画截面图;柱在其平面图上,只需按照编号的不同,各取一个在原位放大画出带有钢筋配置的柱截面图即可)。

(2)传统框架图中的梁和柱,既要画梁、柱平面图,同时还需要绘制梁、柱中配置钢筋的立面图及其截面图,而平法制图中的钢筋配置则省略这些图,只需查阅《混凝土结构施工图平面整体表示方法制图规则和构造详图》便可。

(3)传统的混凝土结构施工图,可直接从绘制的详图中读取钢筋配置尺寸,而在平法制图中,则需查找《混凝土结构施工图平面整体表示方法制图规则和构造详图》中相应的详图,且钢筋的配置尺寸和大小尺寸,均用"相关尺寸"(跨度、锚固长度、搭接长度、钢筋直径等)为变量的函数来表示,而不是用具体的数字,这体现了标准图的通用性。总的来讲,平法制图简化了混凝土结构施工图的内容。

(4)柱与剪力墙的平法制图,均用施工图列表注写方式表示其相关规格和尺寸。

(5)平法制图的突出特点表现在梁的"集中标注"和"原位标注"上。"集中标注"是指从梁平面图的梁处引铅垂线至图的上方注写梁的编号、跨数、截面尺寸、挑梁类型、箍筋直径、箍筋间距、箍筋肢数、梁侧面纵向构造钢筋或受扭钢筋的直径和根数、通长筋的直径和根数等。若"集中标注"中有通长筋,则"原位标注"中的负筋数包含通长筋的数。

"原位标注"可分为以下两种。

① 标注在柱子附近且在梁上方,是承受负弯矩的箍筋直径和根数,它的钢筋布置在梁的上部。

② 标注在梁中间偏下方的钢筋,是承受正弯矩的,它的钢筋布置在梁下部。

(6)在传统的混凝土结构施工图中,计算斜截面抗剪强度时,会在梁中配置45°或60°的弯起钢筋。但在平法制图中,梁无需配置这种弯起钢筋。平法制图中的斜截面抗剪强度,由加密的箍筋来承受。

◆ **应用平法应注意的问题**

应用平法不仅表示平面尺寸,还表示竖向尺寸。

在竖向尺寸中,最重要的是"层高"。一些竖向的构件(如框架柱、剪力墙等)都与层高有着紧密联系。"建筑层高"是指从本层的地面到上一层地面的高度。"结构层高"是指本层现浇楼板上表面到上一层现浇楼板上表面的高度。若各楼层的地面做法一样,则各楼层的"结构层高"与"建筑层高"是一致的。

某些特殊的"层高"要加以关注:当存在地下室时,"一层"的层高指的是地下室顶板到一层顶板的高度;"地下室"的层高指的是筏板上表面到地下室顶板的高度。

若不存在地下室,建筑图纸所标注的"一层"层高则是指"从±0.000到一层顶板的高度",但如果要计算"一层"层高,就应采用"从筏板上表面到一层顶板的高度",而不能采用"从±0.000到一层顶板的高度",不然在计算"一层"的柱纵筋长度和基础梁上的柱插筋长度时就会出错。

此外,"竖向尺寸"还表现在一些"标高"的标注上。例如,剪力墙洞口的中心标高标注为"—1.800",是指该洞口的中心标高比楼面标高(即顶板上表面)低了1.800 m。

梁集中标注的"梁顶相对标高高差",是指梁顶面的标高同楼面标高的高差。若标注的梁顶相对标高高差为"—0.100",则表示该梁顶比楼面标高低了0.100 m;若此项标注缺省,则表示梁顶与楼面标高等高。

◆ 框架的构件要素及次梁

1.框架的构件要素

在框架结构中,根据构件所处的位置及钢筋配置的不同,构件可作如下分类。

(1)框架梁:可分为屋面框架梁和楼层框架梁。

(2)框架柱:可分为顶层角柱、顶层边柱、顶层中柱、中层角柱、中层边柱、中层中柱、底层角柱、底层边柱、底层中柱。

(3)基础梁和筏形基础。

(4)承台、承台梁和桩基础。

框架结构的骨架如图1-3所示。

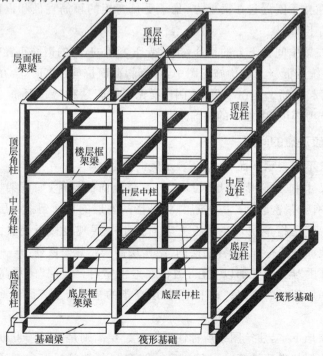

图1-3　框架结构示意图(柱均为框架柱)

2.次梁

构成框架的元素是框架柱和框架梁。次梁和框架梁不同,框架梁的支点是框架柱,而次梁的支点是框架梁,这使它们的钢筋配置也不一样。图 1-4 表示的是次梁支撑在框架梁上。

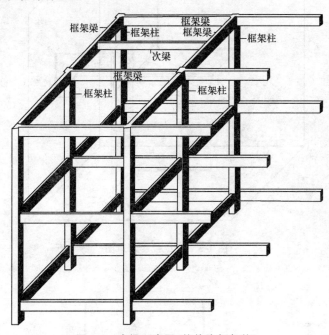

图 1-4 次梁示意图(柱均为框架柱)

【相关知识】

◆ 结构图中的投影与尺寸

在钢筋混凝土结构施工图中有两种制图规则:一种是传统制图规则;另一种是平面整体表示方法制图规则。

传统的制图规则是指以蒙日(Monge)几何为投影原理基础的视图、截面图、剖面图以及辅助视图、辅助剖面图和局部截面图等手段来绘制钢筋混凝土结构施工图。传统的制图规则的图示特点是具有三维几何体系的图示;平面整体表示方法制图规则的图示特点是以二维几何体系的投影图示,加上文字、技术规格和数量等注解。

也就是说,传统的制图规则的图示特点具有 X、Y 和 Z 三个坐标方向的量度特性。一根经过加工的钢筋,在三维投影板中的投影,如图 1-5 所示。

把图 1-5 中的三维投影板中的投影展开以后,如图 1-6 所示。

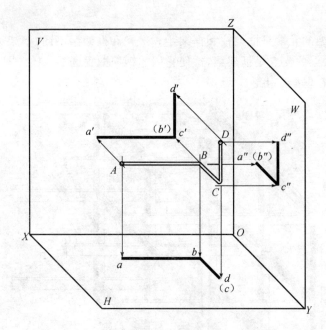

图 1-5　三维投影示意图

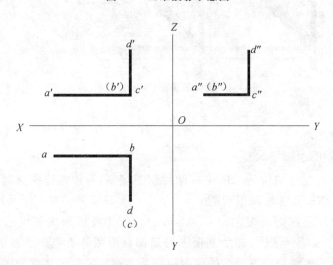

图 1-6　钢筋正投影图

投影图在工程上也叫做视图。

图 1-6 是钢筋正投影图。XOY 坐标中的 a、b、(c)、d 是钢筋的水平投影，在土建工程界，称为"平面图"；XOZ 坐标中的 a'、(b')、c'、d' 是钢筋的正投影，在土建工程界，称为"正立面图"；YOZ 坐标中的 a''、(b'')、c''、d'' 是钢筋的侧面投影，在土建工程界，称为"侧立面图"。在建筑工程中常采用正立面图、平面图和

侧立面图。这里每一种图,各自都包含两个坐标。一般简单的形体,只需两面视图就可以表达清楚。因为两面视图具备 X、Y、Z 三个方向的坐标值。

但当遇到复杂的形体时,视图也可以多至六面,甚至还可以采用辅助视图、剖面图(土建中的剖视图)和截面图(断面图)等加以说明。

【实例分析】

【例 1-3】 平法中怎样正确划分"标准层"?

【解】 "标准层"的划分应遵循的原则(以"11G101—1 图集例子工程"为例)如下。

(1)层高不同的两个楼层,不能作为"标准层"。

层高不同的两个楼层,其竖向构件(例如墙、柱)的工程量也不相同,故不能作为"标准层"。

(2)"顶层"不能纳入标准层。

顶层的层高通常要比普通楼层层高高一些,如普通楼层层高为 3.00 m,则顶层的层高可能会是 3.20 m,这是因为顶层可能要走一些设备管道(如暖气的回水管),所以层高会增加一些。

就算顶层的层高和普通楼层一样,顶层也不能纳入标准层,这是因为在框架结构中,顶层的框架梁和框架柱需进行"顶梁边柱"的特殊处理。

(3)可以根据框架柱的变截面情况来决定"标准层"的划分。

柱变截面包含几何截面的改变和柱钢筋截面的改变两种意思。通常,可以把属于"同一柱截面"的楼层划入一个"标准层",即处于同一标准层的各个楼层上的对应框架柱的几何截面和柱钢筋截面是一致的。

(4)框架柱变截面的"关节"楼层不能纳入标准层。

(5)根据剪力墙的变截面情况修正"标准层"的划分。

剪力墙变截面包含墙厚度的改变和墙钢筋截面的改变两种意思。通常可以把属于"同一剪力墙截面"的楼层划入一个"标准层"。

(6)剪力墙变截面的"关节"楼层不能纳入标准层。

剪力墙变截面"关节"楼层的概念与上面介绍的柱变截面"关节"楼层相似。

(7)在剪力墙中,还应注意墙身与暗柱的变截面情况是否一样。若不一样,则不能划入同一个标准层。

分支三　平法钢筋计算一般流程

【要　点】

当拿到施工图纸,进行钢筋计算之前,需要做好准备工作,熟悉钢筋的计算步骤,明确在钢筋计算中需要注意的问题。本分支主要介绍阅读和审查图纸的基本要求、阅读和审查平法施工图的注意事项、平法钢筋计算的计划与部署、各类构件的钢筋计算、工程钢筋表、钢筋下料表、钢筋下料长度计算、钢筋设计尺寸和施工下料尺寸等内容。

【解　　释】

◆ 阅读和审查图纸的基本要求

通常所说的图纸是指土建施工图纸。施工图常可以分为"建施"和"结施","建施"是指建筑施工图,"结施"是指结构施工图。钢筋计算主要使用的是结构施工图。如果房屋的结构比较复杂,单看结构施工图不容易看懂时,则可以结合建筑施工图的平面图、立面图和剖面图,以便理解某些构件的位置和作用。

(1)看图纸一定要注意阅读最前面的"设计说明",因为里面有许多重要的信息和数据,其中还会包含一些在具体构件图纸上没有画出的工程做法。对钢筋计算来说,设计说明中的重要信息和数据有:房屋设计中采用的设计规范和标准图集、混凝土强度等级、抗震等级(以及抗震设防烈度)、钢筋的类型、分布钢筋的直径和间距等。认真阅读设计说明,可对整个工程有一个总体的印象。

(2)要认真阅读图纸目录,根据目录对照具体的每一张图纸,查看手中的施工图纸有无缺漏。

(3)浏览每一张结构平面图。先明确每张结构平面图所适用的范围,是几个楼层共用一张结构平面图,还是每一个楼层分别使用一张结构平面图;再对比不同的结构平面图,查看它们之间的联系和区别、各楼层之间的结构的异同点,以便划分"标准层",制订钢筋计算的计划。

平法施工图主要通过结构平面图来表示。但对于某些复杂的或者特殊的结构或构造,设计师常会给出构造详图,在阅读图纸时要注意观察和分析。

(4)在阅读和检查图纸的过程中,要把不同的图纸进行对照和比较,要善于阅读图纸,更要善于发现图纸中的问题。施工图是进行施工和工程预算的依据,如果图纸出错了,后果会很严重。在对照比较结构平面图、建筑平面图、立面图和剖面图的过程中,要注意平面尺寸的对比和标高尺寸的对比。

◆ 阅读和审查平法施工图的注意事项

现在的施工图纸都采用平法设计,故在阅读和检查图纸的过程中,应结合平法技术的要求进行图纸的阅读和审查,详细说明如下。

1. 构件编号的合理性和一致性

例如,把某根"非框架梁"命名为"LL1",这是许多设计人员很容易犯的错误。非框架梁的编号是"L",故这根非框架梁只能编号为"L1",而"LL1"是剪力墙结构中的"连梁"的编号。

又如,一个四跨框架梁 KL1,其跨度分别为:3000 mm、3600 mm、3000 mm、3600 mm,而同样编号为"KL1"的另一个四跨框架梁,其跨度分别为:3600 mm、3000 mm、3000 mm、3600 mm。显然,这两个梁第 1 跨和第 2 跨的跨度不相同,因此这两根梁不能同时编号为"KL1"。

2. 平法梁集中标注信息是否完整和正确

例如,抗震框架梁上部通长筋集中标注为"2Φ16",设计者想要表达成"两根Φ16 钢筋同支座负筋按架立筋搭接",但他忽略了抗震框架梁不能没有上部通长筋,故上述的集中标注只能是"2Φ16",且在实际施工中,这两根Φ16 钢筋和支座负筋只能按照上部通长筋与支座负筋搭接,搭接长度为 l_{lE},而不能按架立筋与支座负筋搭接。

又如,梁的侧面构造钢筋缺乏集中标注。11G101—1 图集中规定,梁的截面高度大于或等于 450 mm 就需要设置侧面构造钢筋,且还规定施工人员不允许自行设计梁的侧面构造钢筋,因为图集上没有给出任何设计的依据。

3. 平法梁原位标注是否完整和正确

例如,多跨梁中间的"短跨"不在跨中上部进行上部纵筋的原位标注,这是图纸上容易出现的问题。一个三跨的框架梁,第一跨和第三跨的跨度为 6000 mm,中间的第二跨跨度为 1600 mm;在第一跨和第三跨的左右支座上有原位标注"6Φ24 4/2",而第二跨的上部没有任何原位标注,这样标注表达的意思是:第一跨右支座的支座负筋和第三跨左支座的支座负筋均需伸入第二跨近 2000 mm 的长度,这两种钢筋在第二跨内重叠,不仅造成了钢筋的浪费,还带来了施工上的困难。合理的设计标注方法是:在第二跨的跨中上部进行原位标注"6Φ24 4/2",这样,第一跨右支座的支座负筋贯通第二跨,一直伸入至第三跨左支座上,形成穿越三跨的局部贯通。所以,多跨梁中间的短跨,一般都需要在上部跨中进行原位标注。

又如,悬挑端缺乏原位标注,这也是某些图纸上容易出现的问题。框架梁的悬挑端应该具有众多的原位标注:在悬挑端的上部跨中进行上部纵筋的原位标注、悬挑端下部钢筋的原位标注、悬挑端箍筋的原位标注、悬挑端梁截面尺寸的原位标注等。

4. 关于平法柱编号的一致性问题

同一根框架柱在不同的楼层时应统一柱编号,如框架柱 KZ1 在"柱表"中开列三行,每行的编号都应是"KZ1",这样就能方便地看出同一根框架柱 KZ1 在不同楼层上的柱截面变化。而不能把同一根框架柱,在一层时编号为"KZ1",在二层时编号为"KZ2",在三层时编号为"KZ3"……这样会给柱表的编制带来困难,也会给软件的处理带来困难。

5. 柱表中的信息是否完整和正确

在阅读和检查图纸时,既要检查平面图中的所有框架柱是否在柱表中存在,又要检查柱表中的柱编号是否全部标注在平面图中。

如果在柱表中,某个框架柱在第 N 层就已经到顶了,则要注意检查第 $N+1$ 层以上各楼层的平面图上是否还出现这个框架柱的标注。

对于"梁上柱",也应注意检查柱表和平面图标注的一致性。

◆ 平法钢筋计算的计划与部署

在充分阅读和研究图纸的基础上,就可以制订平法钢筋计算的计划与部署了。这主要是在楼层划分时如何才能正确划定"标准层"的问题。

在楼层划分时,要比较各楼层的结构平面图的布局,查看是否有相似的楼层,虽不能纳入同一个"标准层"进行处理,但可以在分层计算钢筋时,尽可能利用前面某一楼层的计算成果。在运行平法钢筋计算软件时,也可使用"楼层拷贝"的功能,把前面某一个楼层的平面布置连同钢筋标注一起拷贝过来,稍加修改,便能计算出新楼层的钢筋工程量。

在楼层划分时,有些楼层一般需要单独进行计算,这些楼层主要包括:基础、地下室、一层、中间的柱(墙)变截面楼层及顶层。

在钢筋计算之前,还须准备好进行钢筋计算的基础数据,包括:抗震等级和抗震设防烈度、混凝土强度等级、各类构件钢筋的类型、各类构件的保护层厚度、各类构件的钢筋搭接长度和锚固长度、分布钢筋的直径和间距等。

◆ 各类构件的钢筋计算

在进行了阅读和研究图纸、楼层划分、标准层设定及基础数据的准备工作之后,就可以进行各类构件的钢筋计算了。

框架梁和非框架梁的钢筋计算,将在第二章中介绍,由于梁是一种平面构件,不受楼层层高的影响,故比较容易实现分楼层钢筋计算。

框架柱的分楼层钢筋计算将在第三章中讲解。在框架柱纵筋计算中,主要是计算基础插筋、地下室柱纵筋和顶层的柱纵筋。在框架柱箍筋的计算中,要注意加密区和非加密区的箍筋计算及复合箍筋的计算。

楼板也是一种平面构件,不受楼层层高影响,将在第四章中介绍楼板的钢筋计算,包括:板底筋的计算及板顶筋的计算、中间支座负筋的计算及扣筋的计算等。

剪力墙是一种垂直构件,受楼层层高的影响,这一点与框架柱类似,将在第五章中介绍剪力墙各种钢筋的计算,包括:剪力墙的墙身、暗柱、端柱、暗梁、边框梁和连梁的钢筋计算。

各种钢筋的计算结果,将体现在一个工程钢筋表中。

◆ **工程钢筋表**

工程钢筋表是工程结构中的一个重要文件。传统的工程结构设计方法是由设计院提供结构平面图、构造详图、工程钢筋表等一整套工程施工图,而平法设计方法是设计院只需提供结构平面图,施工员、钢筋工和预算员可从平法标准图集中查找相应的节点构造详图,自己动手绘制工程钢筋表。

工程钢筋表的项目有:构件编号、构件数量、钢筋编号、钢筋规格、钢筋根数、钢筋形状、每根长度、每构件长度、每构件重量及总重量等。其中:

每构件长度＝每根长度×钢筋根数

每构件重量＝每构件长度×该钢筋的每米重量

总重量＝单个构件的所有钢筋的重量之和×构件数量

钢筋形状是指每种钢筋的大样图,在图中标注钢筋的细部尺寸,这是钢筋计算的主要内容之一。

每根长度等于钢筋细部尺寸之和。

钢筋根数也是钢筋计算的主要内容之一。

由此可以看到,计算出"每根长度"和"钢筋根数",就等于计算出了钢筋工程量。

◆ **钢筋下料表**

钢筋下料表是工程施工必须用到的表格,尤其是钢筋工更需要这样的表格,因为它可指导钢筋工进行钢筋下料。

1. 钢筋下料表与工程钢筋表的异同点

钢筋下料表的内容和工程钢筋表相似,也具有下列项目:构件编号、构件数量、钢筋编号、钢筋规格、钢筋形状、钢筋根数、每根长度、每构件长度、每构件重量及总重量。

其中,钢筋下料表的构件编号、构件数量、钢筋编号、钢筋规格、钢筋形状、钢筋根数等项目与工程钢筋表完全一致,但在"每根长度"这个项目上,钢筋下料表和工程钢筋表有很大的不同:工程钢筋表中某根钢筋的"每根长度"是指钢筋形状中各段细部尺寸之和,而钢筋下料表中某根钢筋的"每根长度"是指钢筋各段细部尺寸之和减掉在钢筋弯曲加工中的弯曲伸长值。

2. 钢筋的弯曲加工操作

在弯曲钢筋的操作中,除直径较小的钢筋(通常是 6 mm、8 mm、10 mm 直径的钢筋)采用钢筋扳子进行手工弯曲外,直径较大的钢筋均采用钢筋弯曲机进行钢筋弯曲的工作。

钢筋弯曲机的工作盘上有成型轴和心轴,工作台上还有挡铁轴用来固定钢筋。在弯曲钢筋时,工作盘转动,靠成型轴和心轴的力矩使钢筋弯曲。钢筋弯曲机工作盘的转动可以变速,工作盘转速大,可弯曲直径较小的钢筋;工作盘转速小,可弯曲直径较大的钢筋。

在弯曲不同直径的钢筋时,心轴和成型轴可以更换不同的直径。更换的原则是:考虑弯曲钢筋的内圆弧,心轴直径应是钢筋直径的 2.5～3 倍,同时,钢筋在心轴和成型轴之间的空隙不超过 2 mm。

3. 钢筋的弯曲伸长值

钢筋弯曲之后,其长度会发生变化。一根直钢筋弯曲几道以后,测量几个分段的长度相加起来,其总长度会大于直钢筋原来的长度,这就是"弯曲伸长"的影响。弯曲伸长的原因如下。

(1)钢筋经过弯曲后,弯角处不再是直角,而是圆弧。但在量度钢筋的时候,是从钢筋外边缘线的交点量起的,这样就会把钢筋量长了。

(2)测量钢筋长度时,是以外包尺寸作为量度标准的,这样就会把一部分长度重复测量,尤其是弯曲 90°及 90°以上的钢筋。

(3)钢筋在实施弯曲操作时,在弯曲变形的外侧圆弧上会发生一定的伸长。

实际上,影响钢筋弯曲伸长的因素有很多,钢筋种类、钢筋直径、弯曲操作时选用的钢筋弯曲机的心轴直径等,均会影响到钢筋的弯曲伸长率。因此,应在钢筋弯曲实际操作中收集实测数据,根据施工实践的资料来确定具体的弯曲伸长率。

几种角度的钢筋弯曲伸长率(d 为钢筋直径),见表 1-2。

表 1-2　几种角度的钢筋弯曲伸长率(d 为钢筋直径)

弯曲角度	30°	45°	60°	90°	135°
伸长率	0.35d	0.5d	0.85d	2d	2.5d

◆ **钢筋下料长度计算**

1. 结构施工图中的钢筋尺寸

结构施工图中所标注的钢筋尺寸是钢筋的外皮尺寸。它和钢筋的下料尺寸不一样。

钢筋材料明细表(表 1-3)中简图栏的钢筋长度 l_1,如图 1-7 所示。这个尺寸 l_1 是出于构造的需要来标注的。所以钢筋材料明细表中所标注的尺寸就是这个尺寸。在上述情况下,钢筋的边界线是从钢筋外皮到混凝土外表面的距离,通常以这个距离来考虑标注钢筋尺寸。故这里的 l_1 指的是设计尺寸,而不是钢筋加工下料的施工尺寸,见图 1-8。

表 1-3 钢筋材料明细表

钢筋编号	简图	规格	数量
①	l_1	Φ 22	2

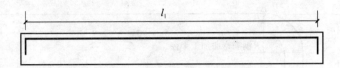

图 1-7 简图栏的钢筋长度

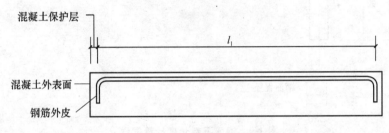

图 1-8 钢筋长度 l_1 说明

要注意的是,钢筋混凝土结构图中标注的钢筋尺寸是设计尺寸,不是下料尺寸,也就是说简图栏的钢筋长度 l_1 不能直接拿来下料。

2. 钢筋下料长度计算假说

钢筋加工变形以后,钢筋中心线的长度是不改变的。

如图 1-9 所示,结构施工图上所示受力主筋的尺寸界限是钢筋的外皮,钢筋加工下料的实际施工尺寸为:

$$l' = ab + bc + cd$$

式中,ab 为直线段,bc 线段为弧线,cd 为直线段。另外,箍筋的设计尺寸,常采用的是内皮标注尺寸的方法。

3. 差值的加工意义

在钢筋材料明细表的简图中,所标注外皮尺寸之和大于钢筋中心线的长度,它所多出来的数值就是差值,可用下式表示:

钢筋外皮尺寸之和 − 钢筋中心线的长度 = 差值

根据外皮尺寸所计算出来的差值,须乘以负号后再运算。

(1) 对于标注内皮尺寸的钢筋,其差值随角度的不同,有可能是正,也有可能是负。

(2) 对于围成圆环的钢筋,内皮尺寸小于钢筋中心线的长度,故它不会是负值,如图 1-10 所示。

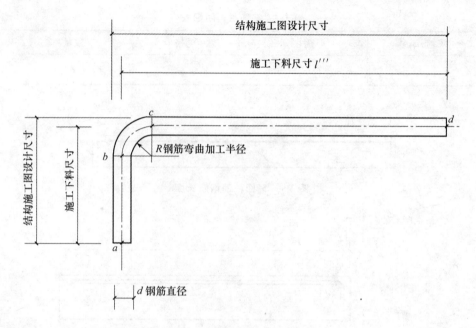

图 1-9　钢筋下料长度计算假说

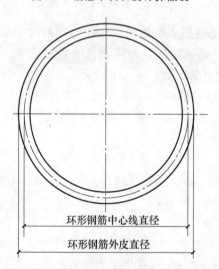

图 1-10　围成圆环的钢筋差值示意图

◆ 钢筋设计尺寸和施工下料尺寸

1. 同样长梁中,有加工弯折的钢筋和直形钢筋(图 1-11、图 1-12)

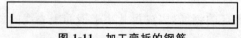

图 1-11　加工弯折的钢筋

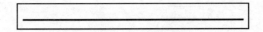

图 1-12 直形钢筋

虽然图 1-11 中的钢筋和图 1-12 中的钢筋两端都有相同距离的保护层,但它们中心线的长度并不相同。图 1-13 和图 1-14 是把图 1-11 和图 1-12 端部放大后的效果。

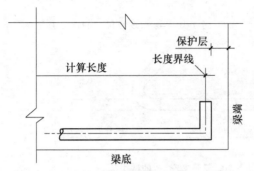

图 1-13 加工弯折的钢筋端部放大效果图

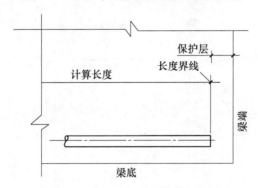

图 1-14 直形钢筋端部放大效果图

在图 1-13 中,右边钢筋中心线到梁端的距离是保护层加 1/2 钢筋直径。考虑两端时,其中心线长度比图 1-14 中的短一个直径。

2. 大于 90°且小于或等于 180°弯钩的设计标注尺寸

图 1-15 通常是结构设计尺寸的标注方法,也与保护层有关;图 1-16 常用于拉筋尺寸的标注。

3. 内皮尺寸

梁和柱中的箍筋常用内皮尺寸标注。因为梁、柱侧面的高、宽尺寸,各减去保护层厚度就是箍筋的高、宽内皮尺寸。内皮尺寸示意图,如图 1-17 所示。

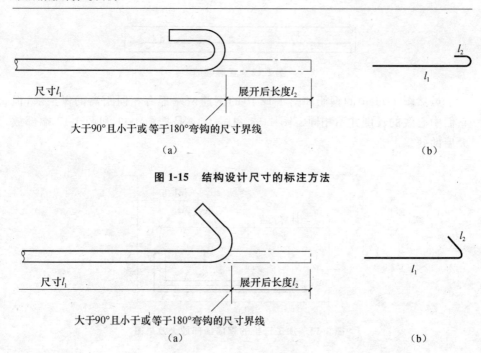

（a）　　　　　　　　　　　　　　　　　　　　（b）

图1-15　结构设计尺寸的标注方法

大于90°且小于或等于180°弯钩的尺寸界线

（a）　　　　　　　　　　　　　　　　　　　　（b）

图1-16　拉筋尺寸标注方法

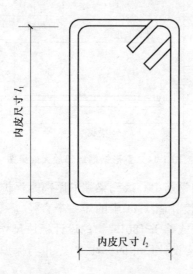

图1-17　内皮尺寸示意图

4. 用于30°、60°、90°斜筋的辅助尺寸

遇到有弯折的斜筋需要标注尺寸时，除沿斜向标注它的外皮尺寸之外，还要把斜向尺寸作为直角三角形的斜边，另外还需标注出它的两个直角边（k_1和k_2）的尺寸。见图1-18。

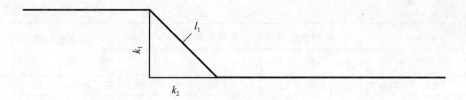

图 1-18 外皮尺寸

如果只看图 1-18,并不能看出它是外皮尺寸。但如果接着看图 1-19,就知道它是外皮尺寸了。

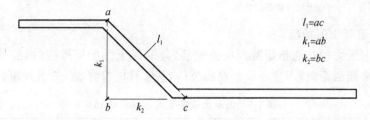

$l_1=ac$

$k_1=ab$

$k_2=bc$

图 1-19 外皮尺寸

【相关知识】

◆ 钢筋计算常用数据

1. 钢筋的计算截面面积及理论重量

钢筋的计算截面面积及理论重量见表 1-4。

表 1-4 钢筋的计算截面面积及理论重量

公称直径/mm	不同根数钢筋的计算截面面积/mm²									单根钢筋理论重量/(kg/m)
	1	2	3	4	5	6	7	8	9	
6	28.3	57	85	113	142	170	198	226	255	0.222
8	50.3	101	151	201	252	302	352	402	453	0.395
10	78.5	157	236	314	393	471	550	628	707	0.617
12	113.1	226	339	452	565	678	791	904	1017	0.888
14	153.9	308	461	615	769	923	1077	1231	1385	1.21
16	201.1	402	603	804	1005	1206	1407	1608	1809	1.58
18	254.5	509	763	1017	1272	1527	1781	2036	2290	2.00(2.11)
20	314.2	628	942	1256	1570	1884	2199	2513	2827	2.47
22	380.1	760	1140	1520	1900	2281	2661	3041	3421	2.98
25	490.9	982	1473	1964	2454	2945	3436	3927	4418	3.85(4.10)

公称直径/mm	不同根数钢筋的计算截面面积/mm²									单根钢筋理论重量/(kg/m)
	1	2	3	4	5	6	7	8	9	
28	615.8	1232	1847	2463	3079	3695	4310	4926	5542	4.83
32	804.2	1609	2413	3217	4021	4826	5630	6434	7238	6.31(6.65)
36	1017.9	2036	3054	4072	5089	6107	7125	8143	9161	7.99
40	1256.6	2513	3770	5027	6283	7540	8796	10 053	11 310	9.87(10.34)
50	1963.5	3928	5892	7856	9820	11 784	13 748	15 712	17 676	15.42(16.28)

注:括号内为预应力螺纹钢筋的数值。

2. 混凝土保护层

纵向受力的普通钢筋及预应力钢筋,其混凝土保护层厚度(钢筋外边缘至混凝土表面的距离)不应小于钢筋的公称直径,且应符合表 1-5 的规定。

表 1-5 混凝土保护层最小厚度(mm)

环境类别	板、墙、壳	梁、柱、杆
一	15	20
二 a	20	25
二 b	25	30
三 a	30	40
三 b	40	50

注:① 混凝土强度等级不大于 C25 时,表中保护层厚度数值应增加 5 mm;

② 钢筋混凝土基础宜设置混凝土垫层,基础中钢筋的混凝土保护层厚度应从垫层顶面算起,且不应小于 40 mm。

3. 受拉钢筋基本锚固长度

受拉钢筋基本锚固长度见表 1-6。

表 1-6 受拉钢筋基本锚固长度 l_{ab}、l_{abE}

钢筋种类	抗震等级	混凝土强度等级								
		C20	C25	C30	C35	C40	C45	C50	C55	≥C60
HPB300	一、二级(l_{abE})	45d	39d	35d	32d	29d	28d	26d	25d	24d
	三级(l_{abE})	41d	36d	32d	29d	26d	25d	24d	23d	22d
	四级(l_{abE}) 非抗震(l_{ab})	39d	34d	30d	28d	25d	24d	23d	22d	21d

钢筋种类	抗震等级	混凝土强度等级								
		C20	C25	C30	C35	C40	C45	C50	C55	≥C60
HRB335 HRBF335	一、二级（l_{abE}）	44d	38d	33d	31d	29d	26d	25d	24d	24d
	三级（l_{abE}）	40d	35d	31d	28d	26d	24d	23d	22d	22d
	四级（l_{abE}） 非抗震（l_{ab}）	38d	33d	29d	27d	25d	23d	22d	21d	21d
HRB400 HRBF400 RRB400	一、二级（l_{abE}）	—	46d	40d	37d	33d	32d	31d	30d	29d
	三级（l_{abE}）	—	42d	37d	34d	30d	29d	28d	27d	26d
	四级（l_{abE}） 非抗震（l_{ab}）	—	40d	35d	32d	29d	28d	27d	26d	25d
HRB500 HRBF500	一、二级（l_{abE}）	—	55d	49d	45d	41d	39d	37d	36d	35d
	三级（l_{abE}）	—	50d	45d	41d	38d	36d	34d	33d	32d
	四级（l_{abE}） 非抗震（l_{ab}）	—	48d	43d	39d	36d	34d	32d	31d	30d

4. 纵向受拉钢筋绑扎搭接长度

纵向受拉钢筋绑扎搭接长度见表1-7。

表1-7　纵向受拉钢筋绑扎搭接长度 l_{lE} 与 l_l

抗震	非抗震
$l_{lE} = \xi_l l_{aE}$	$l_l = \xi_l l_a$

注：① 当不同直径的钢筋搭接时，其 l_{lE} 与 l_l 值按较小的直径计算。

② l_{lE}、l_l 在任何情况下不得小于 300 mm。

③ 式中 ξ_l 为搭接长度修正系数，见表1-8。当纵向钢筋搭接接头百分率为表的中间值时，可按内插取值。

表1-8　纵向受拉钢筋搭接长度修正系数 ξ_l

纵向钢筋搭接接头面积百分率/（%）	≤25	50	100
ξ_l	1.2	1.4	1.6

5. 钢筋混凝土结构伸缩缝最大间距

钢筋混凝土结构伸缩缝最大间距见表1-9。

表 1-9 钢筋混凝土结构伸缩缝最大间距(m)

结构类别		室内或土中	露天
排架结构	装配式	100	70
框架结构	装配式	75	50
	现浇式	55	35
剪力墙结构	装配式	65	40
	现浇式	45	30
挡土墙、地下室墙壁等类结构	装配式	40	30
	现浇式	30	20

注:① 装配整体式结构的伸缩缝间距,可根据结构的具体情况取表中装配式结构与现浇式结构之间的数值。

② 框架-剪力墙结构或框架-核心筒结构房屋的伸缩缝间距可根据结构的具体布置情况取表中框架结构与剪力墙结构之间的数值。

③ 当屋面无保温或隔热措施时,框架结构、剪力墙结构的伸缩缝间距宜按表中露天栏的数值取用。

④ 现浇挑檐、雨罩等外露结构的伸缩缝间距不宜大于 12 m。

6. 现浇钢筋混凝土房屋适用的最大高度

现浇钢筋混凝土房屋适用的最大高度见表 1-10。

表 1-10 现浇钢筋混凝土房屋适用的最大高度(m)

结构类型		烈度				
		6	7	8(0.2g)	8(0.3g)	9
框架		60	50	40	35	24
框架-抗震墙		130	120	100	80	50
抗震墙		140	120	100	80	60
部分框支抗震墙		120	100	80	50	不应采用
筒体	框架核心筒	150	130	100	90	70
	筒中筒	180	150	120	100	80
板柱-抗震墙		80	70	55	40	不应采用

注:① 房屋高度指室外地面到主要屋面板板顶的高度(不包括局部突出屋顶部分);

② 框架-核心筒结构指周边稀柱框架与核心筒组成的结构;

③ 部分框支抗震墙结构指首层或底部两层为框支层的结构,不包括仅个别框支墙的情况;

④ 表中框架,不包括异形柱框架;

⑤ 板柱-抗震墙结构指板柱、框架和抗震墙组成抗侧力体系的结构;

⑥ 乙类建筑可按本地区抗震设防烈度确定其适用的最大高度;

⑦ 超过表内高度的房屋,应进行专门研究和论证,采取有效的加强措施。

◆ **建筑抗震相关知识**

1. 地震的基本概念

（1）震源：震源是指能量爆发的地点。可能在地表以下几十千米到几百千米的深处。

（2）震中：震中是指从震源垂直投影到地表的位置。

（3）地震震级：地震震级也叫地震强度，是衡量地震大小的一种度量，每一次地震只有一个震级。它是根据地震时所释放能量的多少来划分的，震级可通过地震仪器的记录计算出来，震级越高，释放的能量越多。我国使用的震级标准是国际通用震级标准，叫做"里氏震级"。

（4）地震烈度：地震烈度是指地面、房屋等建筑物受地震破坏的程度。对于同一个地震，不同地区，烈度大小是不一样的。距离震源近，破坏大，烈度高；距离震源远，破坏小，烈度低。

人们常以房屋等常见物的破坏程度来描述宏观地震烈度，如下所述。

1度：人感觉不到，只有仪器才能记录到。

2度：个别完全静止中的人能感觉到。

3度：室内少数静止中的人能感觉到振动，悬挂物有轻微摇动。

4度：室内大多数人和室外少数人感觉到振动，少数人从梦中惊醒，门窗、顶盖、器皿等有轻微作响。

5度：室内几乎所有人和室外大多数人能感觉到振动，多数人从梦中惊醒，墙上的灰粉散落，抹灰层上可能出现细小裂缝。

6度：民房少数被损坏，简陋的棚窑少数遭受破坏，甚至会有倾倒，潮湿、疏松的土里有时出现裂缝，山区偶有轻微的崩滑。

7度：民房多数被损坏，少数遭受破坏，简陋的棚窑少数被破坏，坚固的房屋有可能遭受破坏，烟囱被轻微损坏，井泉水位可能变化。

8度：民房多数遭受破坏，少数倾倒，坚固的房屋也有可能会倾倒，山坡的松土和潮湿的河滩上有时会出现较大裂缝，水位较高地方常会有夹泥沙的水喷出，土石松散的山区常有相当大的崩滑。

9度：民房多数倾倒，坚固的房屋多数遭受破坏，少数倾倒。

10度：坚固的房屋多数倾倒，地表裂缝成带、断续相连，有时局部穿过坚实的岩石。

11度：房屋普遍被损坏，山区有大规模崩滑，地表发生相当大的竖直和水平断裂，地下水剧烈变化。

12度：广大地区内，地形、地表水系及地下水剧烈变化，动植物遭到毁灭。

2. 建筑抗震设防分类和设防标准

建筑工程应分为以下四个抗震设防类别。

特殊设防类：指使用上有特殊设施，涉及国家公共安全的重大建筑工程和地震时可能发生严重次生灾害等特别重大灾害后果，需要进行特殊设防的建筑。简称甲类。

重点设防类：指地震时使用功能不能中断或需尽快恢复的生命线的相关建筑，以及地震时可能导致大量人员伤亡等重大灾害后果，需要提高设防标准的建筑。简称乙类。

标准设防类：指大量的除甲、乙两类以外的建筑。简称丙类。

适度设防类：指使用上人员稀少且震损不致产生次生灾害，允许在一定条件下适度降低要求的建筑。简称丁类。

各抗震设防类别建筑的抗震设防标准，应符合下列要求：

标准设防类，应按本地区抗震设防烈度确定其抗震措施和地震作用，达到在遭遇高于当地抗震设防烈度的预估罕遇地震影响时不致倒塌或发生危及生命安全的严重破坏的抗震设防目标。

重点设防类，应按高于本地区抗震设防烈度一度的要求加强其抗震措施；但抗震设防烈度为 9 度时应按比 9 度更高的要求采取抗震措施；地基基础的抗震措施，应符合有关规定。同时，应按本地区抗震设防烈度确定其地震作用。

特殊设防类，应按高于本地区抗震设防烈度提高一度的要求加强其抗震措施；但抗震设防烈度为 9 度时应按比 9 度更高的要求采取抗震措施。同时，应按批准的地震安全性评价的结果且高于本地区抗震设防烈度的要求确定其地震作用。

适度设防类，允许比本地区抗震设防烈度的要求适当降低其抗震措施，但抗震设防烈度为 6 度时不应降低。一般情况下，仍应按本地区抗震设防烈度确定其地震作用。

注：对于划为重点设防类而规模很小的工业建筑，当改用抗震性能较好的材料且符合抗震设计规范对结构体系的要求时，允许按标准设防类设防。

3. 抗震设防烈度和抗震等级的关系

钢筋混凝土房屋应当根据烈度、结构类型及房屋高度采用不同的抗震等级，且应符合相应的计算和构造措施要求。丙类建筑的抗震等级可按表 1-11 确定。

表 1-11 混凝土结构的抗震等级

结构类型		设防烈度						
		6		7		8		9
	高度/m	≤24	>24	≤24	>24	≤24	>24	≤24
框架结构	普通框架	四	三	三	二	二	一	一
	大跨度框架	三		二		一		一

续表

设防烈度

结构类型		6	6	7	7	7	8	8	8	9	9
框架-剪力墙结构	高度/m	≤60	>60	<24	>24且≤60	>60	<24	>24且≤60	>60	≤24	>24且≤60
	框架	四	三	四	三	二	三	二	一	二	一
	剪力墙	三		三	二		二			一	
剪力墙结构	高度/m	≤80	>80	≤24	>24且≤80	>80	≤24	>24且≤80	>80	24~60	
	剪力墙	四	三	四	三	二	三	二	二	一	
部分框支剪力墙结构	高度/m	≤80	>80	<24	>24且≤80	>80	≤24	>24且≤80	—		
	框支层框架	二		二	一		一				
	剪力墙 一般部位	四	三	四	三	二	三	二			
	剪力墙 加强部位	三	二	三	二	一	二	一			
筒体结构	框架-核心筒 框架	三		二						一	
	框架-核心筒 核心筒	二		二						一	
	筒中筒 内筒	三		二						一	
	筒中筒 外筒	三		二						一	
板柱-剪力墙结构	高度/m	≤35	>35	≤35	>35		≤35	>35		—	
	板柱及周边框架	三	二	二			二	一			
	剪力墙	二	二	二			二				
单层厂房结构	铰接排架	四		三			二			一	

注：① 建筑场地为Ⅰ类时，除6度设防烈度外应允许按表内降低一度所对应的抗震构造措施，但相应的计算要求不应降低；

② 接近或等于高度分界时，应允许结合房屋不规则程度及场地、地基条件确定抗震等级；

③ 大跨度框架指跨度不小于 18 m 的框架;

④ 表中框架结构不包括异形柱框架;

⑤ 房屋高度不大于 60 m 的框架-核心筒结构,应允许按框架-剪力墙结构选用抗震等级。

从表 1-11 中可以看出抗震等级与抗震设防烈度的关系。例如,在一个抗震设防烈度为 8 度的地区,若要建造一个高度在 24 m 以内的框架结构房屋,它的抗震等级应是二级;若要建造一个高度在 24 m 以上的框架结构房屋,它的抗震等级应是一级。

抗震设防烈度同抗震等级的区别:抗震设防烈度是对于某个地区而言,离开震中越远,其抗震设防烈度就越小,而抗震等级是对于具体的建筑物而言的,同一地区的两个建筑物,因其重要性不同,它们的抗震等级也不相同。

【实例分析】

【例 1-4】 平法梁图上作业法的分析如下所述。

在编制平法钢筋自动计算软件的过程中,经常需要进行软件测试工作。软件测试工作就是把计算机软件计算出来的结果和手工计算的结果进行比较,而手工计算平法梁钢筋的方法,就叫做"平法梁图上作业法"。

平法梁图上作业法把平法梁的原始数据(轴线尺寸、集中标注和原位标注)、中间计算过程及最后计算结果写在一张草稿纸上,层次分明、数据关系清楚,便于检查,这样可以提高计算的可靠性和准确性。

以图 1-20 为例:图中所示的是一个三跨的框架梁,无悬挑。

框架柱 KL1 的截面尺寸为 250 mm×700 mm;第一、三跨轴线跨度为 6000 mm;第二跨轴线跨度为 1800 mm;框架梁的集中标注和原位标注如图 1-20 所示。

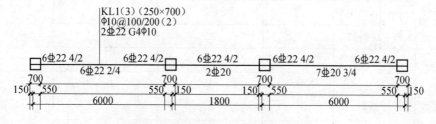

图 1-20　框架的集中标注和原位标注

作为支座的框架柱 KZ1 的截面尺寸为 700 mm×750 mm,作为 KL1 支座宽度为 700 mm,对第一、三跨来说支座偏内 550 mm,偏外 150 mm。

混凝土强度等级 C25,一级抗震等级。

(1)平法梁图上作业法的目标。

1)目标:根据平法梁的原始数据,计算钢筋。

① 轴线数据、柱和梁的截面尺寸。

② 平法梁集中标注和原位标注的数据。

2）计算结果：各种钢筋规格、形状、细部尺寸、根数（包括梁的上部通长筋、下部纵筋、侧面构造钢筋、侧面抗扭钢筋、支座负筋、架立筋、箍筋和拉筋）。

（2）工具。

1）多跨梁柱的示意图不一定按比例绘制，只需表示出轴线尺寸、柱宽及偏中情况即可。

2）梁内钢筋布置的"七线图"（上部纵筋 3 线、下部纵筋 4 线），要求用不同的钢筋分线表示（图 1-21）。

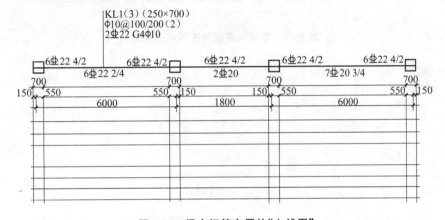

图 1-21　梁内钢筋布置的"七线图"

3）在每跨梁支座的左右两侧画出每跨梁 $l_n/3$ 和 $l_n/4$ 的大概位置。

4）图的下方空地用做中间数据的计算。如果有条件，可把图中的原始数据、中间数据和计算结果用不同颜色的数据表示，便于观看。

（3）步骤。

1）按照一道梁的实际形状画出多跨梁柱的示意图，其中包括轴线尺寸、柱宽、偏中情况、每跨梁 $l_n/3$ 和 $l_n/4$ 的大概位置及梁的"七线图"框架。

2）按"先定性、后定量"的原则画出梁的各层上部纵筋和下部纵筋的形状及分布图，同层次的不同形状或规格的钢筋应画在"七线图"中不同的线上，梁两端的钢筋弯折部分应按照构造要求逐层向内缩进。

缩进的层次由外向内分别是：梁的第一排上部纵筋、第二排上部纵筋；或是梁的第一排下部纵筋、第二排下部纵筋，即"1、2、1、2"配筋方案。

3）标出每种钢筋的根数，如图 1-22 所示。

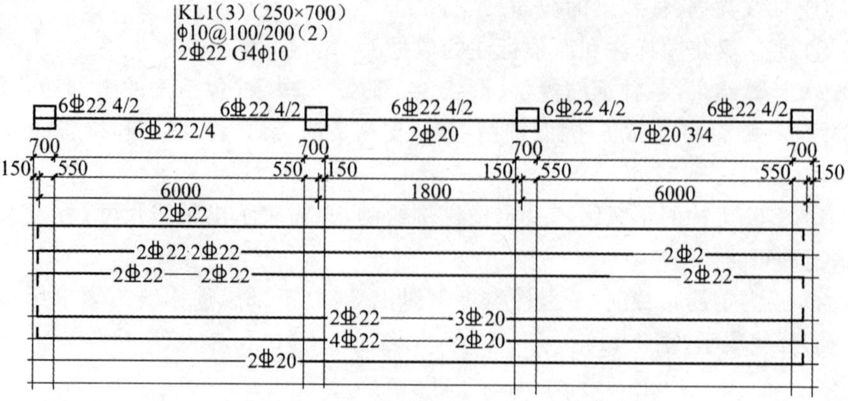

图 1-22　每种钢筋根数的标注示意图

第二章 梁构件

本章知识体系

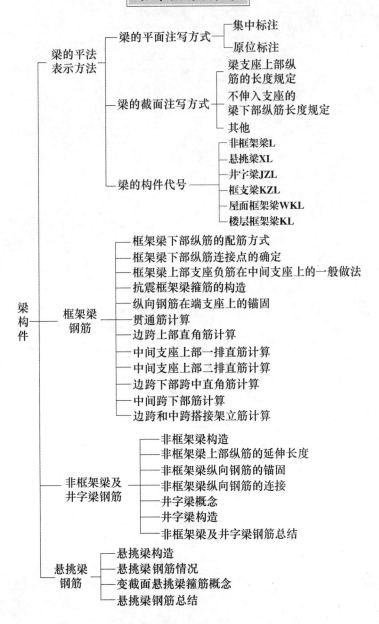

- 梁构件
  - 梁的平法表示方法
    - 梁的平面注写方式
      - 集中标注
      - 原位标注
    - 梁的截面注写方式
      - 梁支座上部纵筋的长度规定
      - 不伸入支座的梁下部纵筋长度规定
      - 其他
    - 梁的构件代号
      - 非框架梁L
      - 悬挑梁XL
      - 井字梁JZL
      - 框支梁KZL
      - 屋面框架梁WKL
      - 楼层框架梁KL
  - 框架梁钢筋
    - 框架梁下部纵筋的配筋方式
    - 框架梁下部纵筋连接点的确定
    - 框架梁上部支座负筋在中间支座上的一般做法
    - 抗震框架梁箍筋的构造
    - 纵向钢筋在端支座上的锚固
    - 贯通筋计算
    - 边跨上部直角筋计算
    - 中间支座上部一排直筋计算
    - 中间支座上部二排直筋计算
    - 边跨下部跨中直角筋计算
    - 中间跨下部筋计算
    - 边跨和中跨搭接架立筋计算
  - 非框架梁及井字梁钢筋
    - 非框架梁构造
    - 非框架梁上部纵筋的延伸长度
    - 非框架梁纵向钢筋的锚固
    - 非框架梁纵向钢筋的连接
    - 井字梁概念
    - 井字梁构造
    - 非框架梁及井字梁钢筋总结
  - 悬挑梁钢筋
    - 悬挑梁构造
    - 悬挑梁钢筋情况
    - 变截面悬挑梁箍筋概念
    - 悬挑梁钢筋总结

◆ 知识树 1——梁的平法表示方法

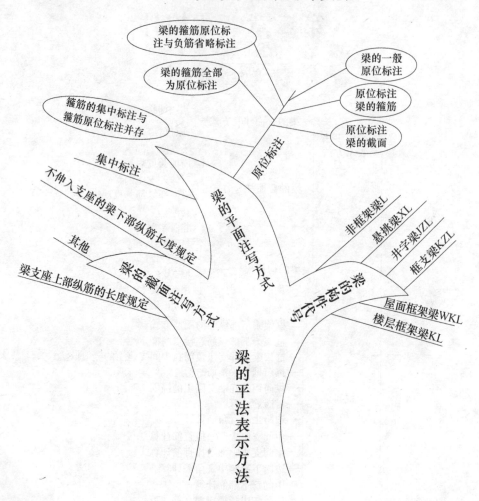

◆ 知识树 2——框架梁钢筋

框架梁上部支座负筋在中间支座上的一般做法

框架梁上部纵筋连接点的确定

框架梁上部纵筋的配筋节式

纵向钢筋在端支座上的锚固

框架梁上部纵筋计算

贯通筋计算

中间跨下部筋计算

框架梁上部支座负筋在中间支座上的一般做法

抗震框架梁箍筋的构造

边跨和中跨搭接架立筋计算

边跨下部筋中间支座上部二排直筋计算

中间支座上部一、二排直筋计算

边跨上部直角筋计算

框架梁钢筋

分支一 梁的平法表示方法

【要　　点】

本分支主要介绍梁的平面注写方式、梁的截面注写方式以及梁的构件代号等内容。

【解　　释】

◆ 梁的平面注写方式

平法梁的表示方法分为平面注写方式和截面注写方式两种。一般的施工图常采用平面注写方式。

平面注写方式,系在梁平面布置图上,分别在不同编号的梁中各选一根梁,在其上注写截面尺寸和配筋具体数值,以此方式来表示梁平法施工图。

平面注写包括集中标注和原位标注(图2-1)两种。集中标注表示梁的通用数值,原位标注表示梁的特殊数值。当集中标注中的某项数值不适用于梁的某部位时,则将该项数值原位标注,施工时,原位标注取值优先。

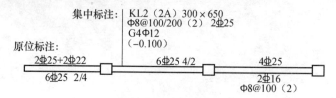

图 2-1　平面注写方式

1.梁的集中标注

从梁的边缘引出的一条铅垂线,是梁的集中标注用线,如图2-1所示。

若贴近梁的地方,没有不同于梁的集中标注的内容,则全梁都要执行集中标注的内容要求。梁的集中标注法见图2-2。图2-3是对图2-2的解释。

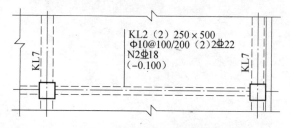

图 2-2　梁的集中标注示意图

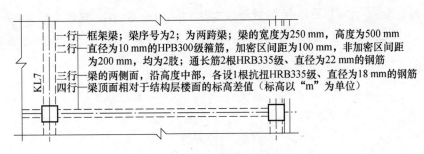

图 2-3　集中标注的各行注释

也有的设计图纸把对梁的集中标注用习惯方法进行标注。把第二行中的通长筋,写在了第三行。规则中的三、四行依次改成了四、五行,如图 2-4 所示。

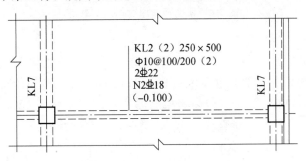

图 2-4　梁的集中标注习惯注法

图 2-5 是对图 2-4 的解释。

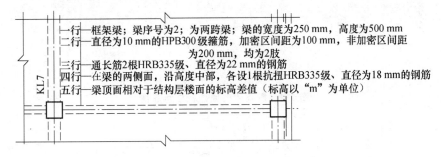

图 2-5　集中标注习惯注法的各行注释

2.梁的原位标注

(1)原位标注梁的截面

图 2-6 所示的是具有四跨的连续框架梁,在集中标注里,梁的截面尺寸为300 mm×500 mm。也就是说,如果跨中没有对梁的截面尺寸做出原位标注,便取集中标注里的截面尺寸。但是,图中的右边跨跨度比其他三跨跨度短。由荷载引起的弯矩小,设计的高度变小,因梁的上部有通长筋,考虑到施工的问题,梁宽是不宜变窄的。因而,从

右边跨的原位标注可以看出,它的截面尺寸为 300 mm×450 mm。梁截面尺寸的原位标注,习惯上是标注在下部筋的下方,这个标注补充了集中标注的不足。

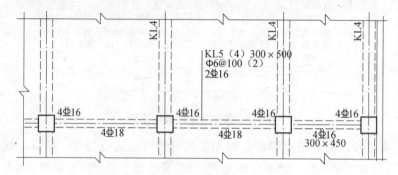

图 2-6　梁截面的原位标注示意图

(2)原位标注梁的箍筋

图 2-7 所示的框架梁是四跨,其中三跨比较大,右跨的跨度比较小。故箍筋的集中标注规格数据不能表示右边小跨梁的箍筋。箍筋的集中标注规格数据为"φ8@100(2)",因右边小跨梁有原位标注"φ6@100(2)",使箍筋施工有了区别。小跨梁的箍筋直径小,也需要进行补充标注。

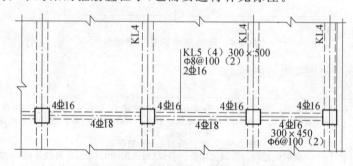

图 2-7　框架梁的原位标注示意图

(3)梁的一般原位标注

以图 2-8 来说明单跨框架梁的一般原位标注。左柱旁的梁上所标注的"4 Φ 16"指它包含了集中标注里的"2 Φ 16"。"4 Φ 16"减掉一个"2 Φ 16",还剩一个"2 Φ 16"。剩下的"2 Φ 16"不再是长的纵向筋了,而是两根直角形钢筋"⌐"。梁右端梁上标注的"4 Φ 16",所代表的意义和左端的一样。但梁的中间下部所标注的"2 Φ 16",是两根"⌐"形钢筋。

图 2-8 的立体图见图 2-9。

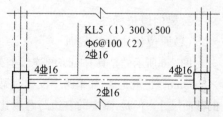

图 2-8　单跨框架梁的原位标注示意图

不等跨梁的原位标注如图 2-10 所示,左跨梁中的"4⊈16"表示在梁的左端上部配置了四根 HRB335 级直径为 16 mm 的钢筋。这四根钢筋是为了担负该部位由荷载引起的负弯矩(钢筋抗拉)。但这四根钢筋的加工形状并不完全一样,其中包含两根通长筋和两根直角形钢筋。直角形钢筋的水平段长,垂直段短。中间柱附近的"4⊈16"包含两根通长筋。但中间柱的左方标有"4⊈16",而在柱右方什么也没有标注,则说明钢筋的规格和数量和左方是一样的。但中间柱没有直角形钢筋,除包含两根通长筋以外,还有两根直形钢筋,它和边支座的直角形钢筋一样,起着抗负弯矩(钢筋抗拉)的作用。直形钢筋的长度,根据梁的抗震等级而定,可查阅《构造详图》。

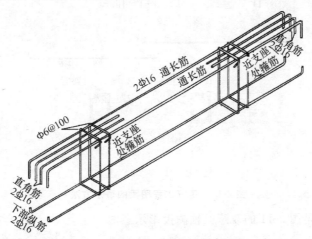

图 2-9　单跨框架梁轴测投影示意图

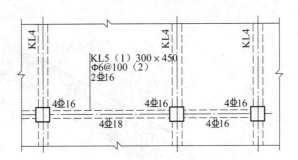

图 2-10　不等跨梁的原位标注示意图

左跨梁中间偏下的"4⊈18"承受荷载引起的正弯矩(钢筋抗拉);右跨梁中间偏下的"4⊈16"也是承受荷载所引起的正弯矩(钢筋抗拉)。

"4⊈18"和"4⊈16"都是直角形钢筋。"4⊈18"的水平段比"4⊈16"的水平段长。"4⊈18"的垂直段锚在左端柱内,而"4⊈16"的垂直段锚在右端柱内,这两种钢筋的水平段均穿过中间柱,形成搭接。

传统的工程图梁的表示方法如图 2-11 所示。图中画出了钢筋梁的立面图及从梁中抽出的钢筋图。图 2-11 中的箍筋间距只标注了一种。一般情况下,框架梁的箍筋间距都是两种。

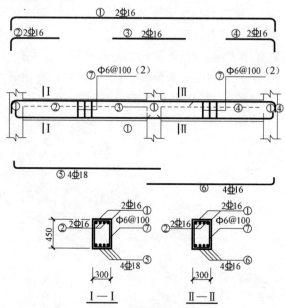

图 2-11 传统工程图梁的表示方法

图 2-12 是图 2-11 的双跨梁轴测投影示意图。

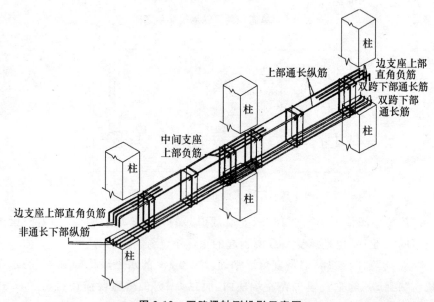

图 2-12 双跨梁轴测投影示意图

图 2-13 所表示的是梁箍,靠近柱子的地方箍距密,而在梁的跨中处箍距疏。箍距密是因为强度要求高。

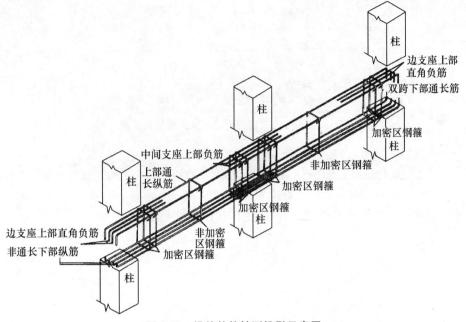

图 2-13 梁的箍筋轴测投影示意图

(4)梁的箍筋原位标注与负筋省略标注

图 2-14 中已经标注了通长筋,但没有标注箍筋,这是因为各跨的箍筋数据不相同。箍筋数据的标注改为标注在各跨梁的中间下方。而且,大跨的箍筋直径是 8 mm,小跨的箍筋直径是 6 mm。

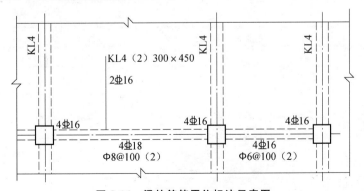

图 2-14 梁的箍筋原位标注示意图

梁的两端负筋钢筋的根数、等级、直径都应该标注在梁平面图近支座处。图 2-14 的中间柱处,柱的左边梁上标注了"4 Φ 16",右边没有标注,则表示在柱的另一侧的钢筋配置与左边相同。

图 2-15 是用截面图来说明图 2-14 的钢筋配置的。

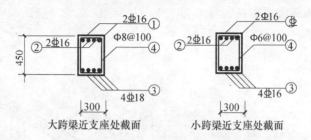

大跨梁近支座处截面　　　　小跨梁近支座处截面

图 2-15　传统工程图中梁的钢筋配置截面图

(5)梁的箍筋全部为原位标注

图 2-16 是三跨连续框架梁。因为三根梁的跨度都不一样,受力状态也不一样,故在集中标注处,没有标明箍筋的有关要求。三根梁各自配置的箍筋的直径、间距和肢数的具体要求,分别标注在自己梁的下方。

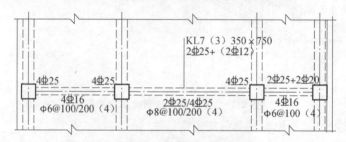

图 2-16　连续框架梁箍筋原位标注示意图

图 2-17 是梁的钢筋绑扎立面图,以及拆出来的钢筋。用局部截面图来表示钢筋的摆放部位。因为梁的宽度为 350 mm,故要求的箍筋为四肢,如图 2-17 所示。

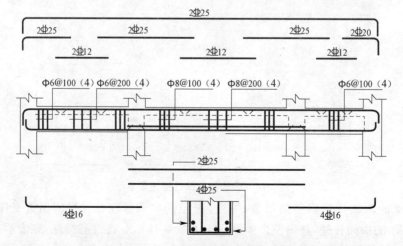

图 2-17　传统工程图的钢筋绑扎立面图

（6）箍筋的集中标注与箍筋原位标注并存

图 2-18 中，箍筋既有集中标注，又有原位标注。在有箍筋集中标注的前提下，若某跨没有原位标注，则执行集中标注的内容；若某跨有不同于集中标注的原位标注，则执行原位标注的内容。

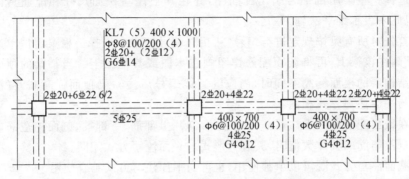

图 2-18　梁的箍筋集中标注与原位标注并存

图 2-19 中两个较小跨的箍筋原位标注的内容与集中标注的内容不一样，故应执行原位标注的内容。除此之外，梁高、构造筋（梁侧面纵向筋）及梁的截面高度，大跨梁和小跨梁也不一样，也应执行原位标注的内容。

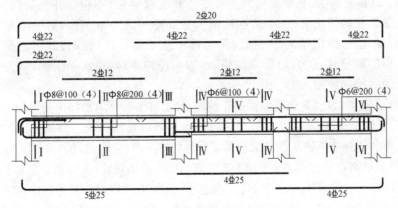

图 2-19　梁的箍筋传统工程图

图 2-19 中的构造筋见图 2-20。

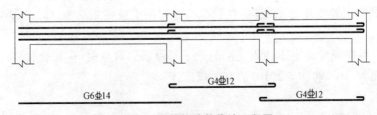

图 2-20　梁的构造筋传统工程图

◆ **梁的截面注写方式**

平法梁的表示方式除平面注写方式外还有截面注写方式。

截面注写方式系在分标准层绘制的梁平面布置图上,分别在不同编号的梁中各选择一根梁用剖面号引出配筋图,并在其上注写截面尺寸和配筋具体数值,以此来表示梁平法施工图。

首先对所有梁按规定进行编号,从相同编号的梁中选择一根梁,将"单边截面号"画在该梁上,再将截面配筋详图画在本图或其他图上。当某梁的顶面标高与结构层的楼面标高不同时,尚应继其梁编号后注写梁顶面标高高差(注写规定与平面注写方式相同)。

在截面配筋详图上注写截面尺寸($b×h$)、上部筋、下部筋、侧面构造筋或受扭筋以及箍筋的具体数值时,其表达形式与平面注写方式相同。

截面注写方式既可以单独使用,也可与平面注写方式结合使用。

在梁平法施工图的平面图中,当局部区域的梁布置过密时,除了采用截面注写方式表示外,也可采用引出单独放大进行注写的措施来表示。当表示异形截面梁的尺寸与配筋时,用截面注写方式相对比较方便。

1. 梁支座上部纵筋的长度规定

(1) 为方便施工,凡框架梁的所有支座和非框架梁(不包括井字梁)的中间支座上部纵筋的伸出长度 a_0 值在标准构造详图中统一取值为:第一排非通长筋从柱(梁)边起伸出至 $l_n/3$ 位置;第二排非通长筋从柱(梁)边起伸出至 $l_n/4$ 位置。l_n 的取值规定为:对于端支座,l_n 为本跨的净跨值;对于支座,l_n 为支座两边较大一跨的净跨值。

(2) 悬挑梁(包括其他类型梁的悬挑部分)上部第一排纵筋伸出至梁端头并下弯,第二排伸出至 $3l/4$ 位置,l 为自柱(梁)边算起的悬挑净长。当具体工程需将悬挑梁中的部分上部筋从悬挑梁根部开始斜向弯下时,应由设计者另加注明。

(3) 设计者在执行有关梁支座上部纵筋的统一取值规定时,特别是在大小跨相邻和端跨外为长悬臂的情况下,还应注意按《混凝土结构设计规范》(GB 50010—2010)的相关规定进行校核,若不满足时应根据规范规定另行变更。

2. 不伸入支座的梁下部纵筋长度规定

(1) 当梁(不包括框支梁)下部纵筋不全部伸入支座时,不伸入支座的梁下部纵筋截断点距支座边的距离,在标准构造详图中统一取为 $0.1l_{ni}$(l_{ni} 为本跨的净跨值)。

(2) 当按规定确定不伸入支座的梁下部纵筋的数量时,应符合《混凝土结构设计规范》(GB 50010—2010)的有关规定。

3. 其他

(1)非框架梁、井字梁的上部纵向钢筋在端支座的锚固要求,新图集

11G101—1 标准构造详图中规定：当设计按铰接时，平直段伸至端支座对边后弯折，且平直段长度≥$0.35l_{ab}$，弯折段长度 $15d$（d 为纵向钢筋直径）；当充分利用钢筋的抗拉强度时，直段伸至端支座对边后弯折，且平直段长度≥$0.6l_{ab}$，弯折段长度 $15d$。设计者应在平法施工图中注明采用何种构造，当多数采用同种构造时可在图注中统一写明，并将少数不同之处在图中注明。

（2）非抗震设计时，框架梁下部纵向钢筋在中间支座的锚固长度，新图集 11G101—1 的构造详图中按计算中充分利用钢筋的抗拉强度考虑。当计算中不利用该钢筋的强度时，其伸入支座的锚固长度对于带肋钢筋为 $12d$，对于光面钢筋为 $15d$（d 为纵向钢筋直径），此时设计者应注明。

（3）非框架梁的下部纵向钢筋在中间支座和端支座的锚固长度，在新图集 11G101—1 的构造详图中分别规定：对于带肋钢筋为 $12d$；对于光面钢筋为 $15d$（d 为纵向钢筋直径）。当计算中需要充分利用下部纵向钢筋的抗压强度或抗拉强度，或具体工程有特殊要求时，其锚固长度应由设计者按照《混凝土结构设计规范》(GB 50010—2010)的相关规定进行变更。

（4）当非框架梁配有受扭纵向钢筋时，梁纵筋锚入支座的长度为 l_{ab}，在端支座直锚长度不足时可伸至端支座对边后弯折，且平直段长度≥$0.6l_{ab}$，弯折段长度 $15d$。设计者应在图中注明。

（5）当梁纵筋兼做温度应力钢筋时，其锚入支座的长度由设计确定。

（6）当两楼层之间设有层间梁时（如结构夹层位置处的梁），应将设置该部分梁的区域划出另行绘制梁结构布置图，然后在其上表达梁平法施工图。

（7）在 11G101—1 图集中，KZL 用于托墙框支梁，当托柱转换梁采用 KZL 编号并使用本图集构造时，设计者应根据实际情况进行判定，并提供相应的构造变更。

◆ **梁的构件代号**

梁的构件代号见表 2-1。

表 2-1　梁的构件代号表

梁类型	代号	序号	跨数及是否带有悬挑
楼层框架梁	KL	××	(××)、(××A)或(××B)
屋面框架梁	WKL	××	(××)、(××A)或(××B)
框支梁	KZL	××	(××)、(××A)或(××B)
非框架梁	L	××	(××)、(××A)或(××B)
悬挑梁	XL	××	—
井字梁	JZL	××	(××)、(××A)或(××B)

注：(××A)为一端有悬挑，(××B)为两端有悬挑，悬挑不计入跨数。

在框架体系中,以钢筋混凝土框架柱为支撑固接点的梁属于"框架梁",代号为 KL。但若梁的一端是以非框架柱为支撑点,或两端均以非框架柱为支撑点,此时的梁只能叫做"梁",即"非框架梁",而不能叫做"框架梁",代号为"L"。

梁的截面尺寸、通长筋的数量及其规格和箍筋等相同的梁,要求编制成相同的序号。在多数情况下,框架梁是多跨的。

【相关知识】

◆ 两根梁编成同一编号的条件

(1)两根梁的跨数相同,而且对应跨的跨度和支座情况相同;

(2)两根梁在各跨的截面尺寸对应相同;

(3)两根梁的配筋相同(集中标注和原位标注相同)。

相同尺寸和配筋的梁在平面图上布置的位置(轴线正中或轴线偏中)不相同,不影响梁的编号。

◆ "构造钢筋"与"抗扭钢筋"的异同

1."构造钢筋"与"抗扭钢筋"的相同点

(1)"构造钢筋"和"抗扭钢筋"是梁的侧面纵向钢筋,常被称为"腰筋"。所以,就其在梁上的位置来说是相同的。在梁的侧面进行"等间距"布置时,对于"构造钢筋"和"抗扭钢筋"来说也是相同的。

(2)"构造钢筋"和抗扭钢筋都要用到"拉筋",有关"拉筋"的规格和间距的规定也是相同的。即:当梁宽≤350 mm 时,拉筋直径为 6 mm;当梁宽>350 mm时,拉筋直径为 8 mm。拉筋间距为非加密区箍筋间距的两倍。当设有多排拉筋时,上下两排拉筋竖向错开设置。

上述的"拉筋间距为非加密区箍筋间距的两倍"只是给出一个计算拉筋间距的方法。例如,梁箍筋的标注为 $\phi 10@100/200(2)$,表示非加密区箍筋间距为200 mm,则拉筋间距为 $200 \times 2 = 400$ mm,而不是指拉筋在加密区按加密区箍筋间距的两倍计算,在非加密区按非加密区箍筋间距的两倍计算。

拉筋的规格和间距在施工图纸上是不给出的,需要施工人员自己计算。

2."构造钢筋"与"抗扭钢筋"的不同点

(1)"构造钢筋"是按构造设置的,不需要进行力学计算。

《混凝土结构设计规范》(GB 50010—2010)第 9.2.13 条规定:"当梁的腹板高度 h_w 不小于 450 mm 时,在梁的两个侧面应沿高度配置纵向构造钢筋,每侧纵向构造钢筋(不包括梁上、下部受力钢筋及架立钢筋)的间距不宜大于200 mm,截面面积不应小于腹板截面面积(bh_w)的 0.1%,但当梁宽较大时可以适当放松。此处,腹板高度 h_w 按规范第 6.3.1 条的规定取用。"

根据《混凝土结构设计规范》(GB 50010—2010)第 6.3.1 条的规定，h_w 表示截面的腹板高度：矩形截面，取有效高度；T 形截面，取有效高度减去翼缘高度；I 形截面，取腹板净高。

对于施工部门来说，构造钢筋的规格和根数由设计师在结构平面图上给出，施工部门只要照图施工便可。

当设计图纸漏标注构造钢筋时，施工人员应向设计师询问构造钢筋的规格和根数，而不能自行对构造钢筋进行设计。

由于构造钢筋不考虑其受力计算，故梁侧面纵向构造钢筋的搭接长度和锚固长度可取为 $15d$。

(2)"抗扭钢筋"需要设计人员进行抗扭计算才能确定其钢筋规格和根数。

11G101—1 图集对梁的侧面抗扭钢筋提出了更为明确的要求：

①梁侧面抗扭纵向钢筋的锚固方式同框架梁下部纵筋。

②梁侧面抗扭纵向钢筋其搭接长度为 l_l(非抗震)或 l_{lE}(抗震)。

此外，对抗扭构件的箍筋有比较严格的要求。《混凝土结构设计规范》(GB 50010—2010)第 9.2.10 条规定："受扭所需的箍筋应做成封闭式，且应沿截面周边布置；当采用复合箍筋时，位于截面内部的箍筋不应计入受扭所需的箍筋面积；受扭所需箍筋的末端应做成 135°弯钩，弯钩端头平直段长度不应小于 $10d$(d 为箍筋直径)。"

对于施工人员来说，一个梁的侧面纵筋是构造钢筋还是抗扭钢筋完全由设计师来给定。以"G"打头的钢筋就是构造钢筋，"N"打头的钢筋就是抗扭钢筋。

【实例分析】

1.梁编号标注

梁编号标注的一般格式：BH$m(n)$ 或 BH$m(nA)$ 或 BH$m(nB)$。

BH 可以是 KL、WKL、KZL、L 或是 XL。其中：KL 表示楼层框架梁；WKL 表示屋面框架梁；KZL 表示框支梁；L 表示非框架梁；XL 表示纯悬挑梁；m 表示梁序号；n 表示梁跨数；A 表示一端有悬挑；B 表示两端有悬挑。

【例 2-1】 KL2(4)表示框架梁第 2 号，4 跨，无悬挑；WKL2(4)表示屋面框架梁第 2 号，4 跨，无悬挑；KZL2(1)表示框支梁第 2 号，1 跨，无悬挑；L2(2)表示非框架梁第 2 号，2 跨，无悬挑；XL2(1)表示悬挑梁第 2 号，1 跨，无悬挑。

2.梁截面尺寸标注

当为等截面梁时，用 $b \times h$ 表示；

当为竖向加腋梁时，用 $b \times h$　GY$c_1 \times c_2$ 表示，其中 c_1 为腋长，c_2 为腋高；

当为水平加腋梁时，一侧加腋时用 $b \times h$　PY$c_1 \times c_2$ 表示，其中 c_1 为腋长，c_2 为腋宽，加腋部位应在平面图中绘制；

当有悬挑梁且根部和端部的高度不同时,用斜线分隔根部与端部的高度值,即为 $b \times h_1/h_2$。

施工图纸上的平面尺寸数据一律采用毫米为单位。

【例 2-2】 普通梁截面尺寸标注如下:

300×600 表示截面宽度 300 mm,截面高度 600 mm。

3. 梁箍筋标注

梁箍筋标注格式:$\Phi d - n(z)$ 或 $\Phi d - m/n(z)$ 或 $\Phi d - m(z_1)/n(z_2)$ 或 $s\Phi d - m/n(z)$ 或 $s\Phi d - m(z_1)/n(z_2)$。

其中,d 为钢筋直径;m、n 为箍筋间距;z、z_1、z_2 为箍筋肢数;s 为梁两端的箍筋根数。

【例 2-3】 $\Phi 8@100/300(2)$ 表示箍筋为 HPB300 级钢筋,直径为 8 mm,加密区间距为 100 mm,非加密区间距为 300 mm,均为两肢箍。

【例 2-4】 $\Phi 8@100(2)$ 表示箍筋为 HPB300 级钢筋,直径为 8 mm,两肢箍,间距为 100 mm,不分加密区与非加密区。

4. 梁上部通长筋标注

梁上部通长筋标注格式:$s\Phi d$ 或 $s_1 \Phi d_1 + s_2 \Phi d_2$ 或 $s_1 \Phi d_1 + (s_2 \Phi d_2)$ 或 $s_1 \Phi d_1$ 及 $s_2 \Phi d_2$。

其中,d、d_1、d_2 为钢筋直径;s、s_1、s_2 为钢筋根数。

【例 2-5】 其他尺寸的标注格式如下。

$2\Phi 22$ 表示梁上部通长筋(用于双箍筋)。

$2\Phi 22 + 2\Phi 22$ 表示梁上部通长筋(两种规格,"+"前面的钢筋放在箍筋角部)。

$6\Phi 22\ 4/2$ 表示梁上部通长筋(两排钢筋:第一排 4 根,第二排 2 根)。

【例 2-6】 $2\Phi 22 + (4\Phi 12)$ 表示如下。

"+"前面的是上部通长筋,表示梁上部钢筋,$2\Phi 22$ 为通长筋;"+"后面 $4\Phi 12$ 为架立筋。

【例 2-7】 $3\Phi 22;4\Phi 25$ 表示如下。

";"前面的是上部通长筋,表示梁上部通长筋 $3\Phi 22$,";"后面的是梁下部通长筋 $4\Phi 25$。

5. 梁的架立筋标注

梁的钢筋是梁上部的纵向构造钢筋。

抗震框架梁的架立筋标注格式:$s_1 \Phi d_1 + (s_2 \Phi d_2)$

其中,d_1、d_2 为钢筋直径;s_1、s_2 为钢筋根数;"+"号后面括号里面的是架立筋。

非抗震框架梁或非框架梁的架立筋标注格式:$s_1 \Phi d_1 + (s_2 \Phi d_2)$ 或 $(s_2 \Phi d_2)$。

$(s_2 \Phi d_2)$ 表示这根梁上部纵筋集中标注全部采用架立筋。

【例 2-8】　抗震框架梁 KL1 的上部纵筋标注 2Φ22＋(4Φ12)表示 2Φ22 为上部通长筋,4Φ12 为架立筋。

【例 2-9】　非框架梁 L1 的上部纵筋标注(3Φ12)表示梁上部纵筋的集中标注为架立筋 3Φ12。

6. 梁下部通长筋标注

梁下部通长筋标注格式:$s_1\Phi d_1$;$s_2\Phi d_2$。

其中,d_1、d_2 为钢筋直径;s_1、s_2 为钢筋根数;";"后面的 $s_2\Phi d_2$ 是下部通长筋。

【例 2-10】　3Φ25;4Φ25 表示梁上部通长筋为 3Φ25,梁下部通长筋为 4Φ25。

7. 梁侧面构造钢筋标注

梁侧面构造钢筋标注格式:$Gs\Phi d$。

其中,d 为钢筋直径;s 为钢筋根数;G 表示侧面构造钢筋。

【例 2-11】　G4Φ20 表示梁的两侧共配置 4Φ20 的纵向构造钢筋,每侧各 2Φ20。

8. 梁抗扭钢筋标注

侧面受扭钢筋也称为侧面抗扭钢筋。

梁侧面抗扭钢筋标注格式:$Ns\Phi d$。

其中,d 为钢筋直径;s 为钢筋根数,N 表示侧面抗扭钢筋。

【例 2-12】　N4Φ22 表示梁的两侧共配置 4Φ22 的抗扭钢筋,每侧各 2Φ22。

梁侧面抗扭纵向钢筋的搭接长度为 l_1(非抗震)或 l_{lE}(抗震)。

梁侧面抗扭纵向钢筋的锚固长度和方式同框架梁下部纵筋。

9. 梁顶面标高高差标注

一般楼层顶板结构是梁顶与板顶(楼面标高)为同一标高。当梁顶比板顶低时,注写"负标高高差";当梁顶比板顶高时,注写"正标高高差"。

【例 2-13】　(－1.00)表示梁顶面比楼板顶面低 1.00 m。

10. 梁支座上部纵筋的原位标注

梁支座的原位标注就是进行梁上部纵筋的标注,分别设置:左支座标注和右支座标注。

钢筋标注格式:$s\Phi d$ 或 $s\Phi d$ m/n 或 $s_1\Phi d_1＋s_2\Phi d_2$。

其中,d、d_1、d_2 为钢筋直径;s、s_1、s_2 为钢筋根数;m、n 为上下排纵筋根数。

【例 2-14】　4Φ25 2/2 表示上排纵筋为 2Φ25,下排纵筋为 2Φ25。

2Φ22＋2Φ25 表示一排纵筋为 2Φ22 放在角部,2Φ25 放在中间。

通常把上排上部纵筋(即紧贴箍筋水平段的上部纵筋)称为"第一排上部纵筋",把下排上部纵筋(即远离箍筋水平段的上部纵筋)称为"第二排上部纵筋"。

有的工程中,还会出现"第三排上部纵筋",如:9Φ25 4/3/2,表示第三排上部纵筋为 2Φ25。

11. 梁跨中上部纵筋的原位标注

钢筋标注格式：$s \oplus d$ 或 $s \oplus d \, m/n$ 或 $s_1 \oplus d_1 + s_2 \oplus d_2$。

其中，d、d_1、d_2 为钢筋直径；s、s_1、s_2 为钢筋根数；m、n 为上下排纵筋根数。

分支二　框架梁钢筋

【要　　点】

本分支主要介绍框架梁下部纵筋的配筋方式、框架梁下部纵筋连接点的确定、框架梁上部支座负筋在中间支座上的一般做法、抗震框架梁箍筋的构造、纵向钢筋在端支座上的锚固、贯通筋计算、边跨上部直角筋计算、中间支座上部一排直筋计算、中间支座上部二排直筋计算、边跨下部跨中直角筋计算、中间跨下部筋计算以及边跨和中跨搭接架立筋计算等内容。

【解　　释】

◆ **框架梁下部纵筋的配筋方式**

框架梁下部纵筋的配筋方式基本上是按跨布置，即在中间支座锚固（图 2-21）。

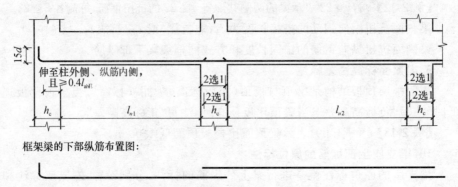

框架梁的下部纵筋布置图：

图 2-21　框架梁下部纵筋的配筋方式

2 选 1 ＝ max（$\geqslant l_{aE}$，$\geqslant 0.5 h_c + 5d$）

（1）集中标注的下部通长筋也是"按跨布置"的。在满足钢筋定尺长度的前提下，可把相邻两跨的下部纵筋作贯通筋处理。

（2）原位标注的下部纵筋首先应考虑"按跨布置"，若相邻两跨的下部纵筋直径相同，在不超过钢筋定尺长度的情况下，可把它们作贯通筋处理。

◆ **框架梁下部纵筋连接点的确定**

(1) 首先,梁的下部钢筋不得在下部跨中进行连接。因为下部跨中是正弯矩中最大的地方,钢筋是不允许在此范围内连接的。

(2) 梁的下部钢筋也不得在支座内连接。因为在梁柱交叉的节点内,梁纵筋和柱纵筋是不允许连接的。众所周知,在梁柱交叉节点为中心的一段范围内,是柱纵筋的非连接区;同样,在梁柱交叉节点中,也是梁纵筋的非连接区。

所以,抗震框架梁下部纵筋在中间支座内是进行锚固,而不是进行钢筋连接。

"非抗震的框架梁"在竖向静荷载作用下,每跨框架梁的最大正弯矩均在跨中部位,靠近支座的地方只有负弯矩,不存在正弯矩。所以,框架梁的下部纵筋可在靠近支座 $l_n/3$ 的范围内进行连接。11G101—1 图集就给出了"非抗震框架梁"的这种连接构造。

"抗震框架梁"在地震作用下,框架梁靠近支座处可能会成为正弯矩最大的地方。这样一来,抗震框架梁的下部纵筋便没有可供连接的区域。故框架梁的下部纵筋通常都是按跨处理,在中间支座锚固。

然而,在满足钢筋"定尺长度"的前提之下,相邻两跨同样直径的框架梁的下部纵筋应直通贯穿中间支座,这样做既能够节省钢筋,又能降低支座钢筋密度。

◆ **框架梁上部支座负筋在中间支座上的一般做法**

(1) 当支座两边的支座负筋直径相同且根数相等时,这些钢筋均是贯通穿过中间支座的。因为这些钢筋在中间支座左右两边的延伸长度都等于 $l_n/3$,故常被形象地称为"扁担筋"。"扁担筋"以中间支座作为肩膀,向两边挑出相同的长度。

上述这种情况是最常用的做法。当中间支座左右两边的原位标注相同,或在中间支座的某一边进行了原位标注,另一边没有原位标注的时候,都应执行上述做法。

(2) 当支座两边的支座负筋直径相同,但根数不相等时,将根数相等部分的支座负筋贯通穿过中间支座,把根数多出来的支座负筋弯锚入柱内。

(3) 在施工图设计中,应尽量避免出现支座两边的支座负筋直径不相同的情况。设计时,对于支座两边不同配筋值的上部纵筋,应尽可能选用相同直径(不同根数)使其贯穿支座,防止支座两边不同直径的上部纵筋全在支座内锚固,这就是"能通则通"的原则。

◆ **抗震框架梁箍筋的构造**

1. 一级抗震等级框架梁箍筋构造

(1) 在梁支座附近设箍筋加密区,其长度≥500 mm 且≥ $2h_b$(h_b 为梁截面高度)。

(2) 第一个箍筋在距支座边缘 50 mm 处开始设置。

(3) 弧形梁沿中心线展开,箍筋间距沿凸面线量度。

（4）当箍筋为多肢复合箍时，应采用大箍套小箍的形式。

2.二至四级抗震等级框架梁箍筋构造（图 2-22）

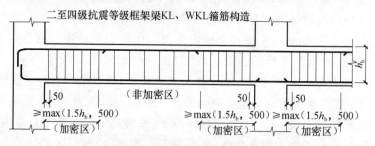

图 2-22 二至四级抗震等级框架梁箍筋构造

（1）梁支座附近设箍筋加密区，其长度≥500 mm 且≥1.5h_b。

（2）第一个箍筋在距支座边缘 50 mm 处开始设置。

（3）弧形梁沿中心线展开，箍筋间距沿凸面线量度。

（4）当箍筋为多肢复合箍时，应采用大箍套小箍的形式。

◆ 纵向钢筋在端支座上的锚固

在 11G101—1 图集第 79 页的图中，关于纵向钢筋在端支座上的锚固（图 2-23）有如下规定。

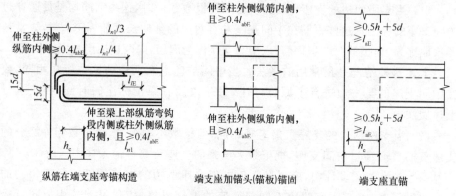

图 2-23 纵向钢筋在端支座上的锚固

（1）上部纵筋和下部纵筋均应伸至柱外边（柱外侧纵筋内侧），弯折 15d，其弯折段之间需保持一定净距。

（2）上部纵筋和下部纵筋锚入柱内的直锚水平段不应小于 0.4l_{aE}。

（3）当柱宽度较大时，上部纵筋和下部纵筋伸入柱内的直锚长度≥l_{aE}，且≥0.5h_c＋5d 时，可以直锚。

◆ 贯通筋计算

贯通筋的加工尺寸分为三段，如图 2-24 所示。

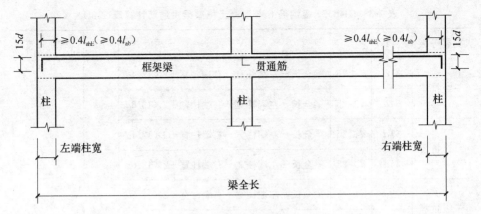

图 2-24　贯通筋的加工尺寸

图中的"$\geq 0.4 l_{abE}$",表示一、二、三、四级抗震等级钢筋进入柱中,水平方向的锚固长度值;"$0.4 l_{ab}$",表示非抗震等级钢筋进入柱中,水平方向锚固长度值;"$15d$",表示在柱中竖向的锚固长度值。

在标注贯通筋加工尺寸时,图中标注的是外皮尺寸。这时,在求下料长度时,需减去由于有两个直角钩发生的外皮差值。

在框架结构的构件中,常用的钢筋有 HRB335 级和 HRB400 级两种;常用的混凝土有 C30、C35 和 $\geq$C40 三种。另外,还应考虑结构的抗震等级等因素。

为了计算方便,综合上述各种因素,用表的形式把计算公式列入其中。见表 2-2 至表 2-7。

表 2-2　HRB400 级钢筋 C30 混凝土框架梁贯通筋计算表(mm)

抗震等级	$l_{aE}(l_a)$	直　径	l_1	l_2	下料长度
一级抗震	$34d$	$d\leq 25$	梁全长－左端柱宽－右端柱宽$+2\times 13.6d$		
	$38d$	$d>25$	梁全长－左端柱宽－右端柱宽$+2\times 15.2d$		
二级抗震	$34d$	$d\leq 25$	梁全长－左端柱宽－右端柱宽$+2\times 13.6d$		
	$38d$	$d>25$	梁全长－左端柱宽－右端柱宽$+2\times 15.2d$		
三级抗震	$31d$	$d\leq 25$	梁全长－左端柱宽－右端柱宽$+2\times 12.4d$	$15d$	$l_1+2\times l_2-$ $2\times$外皮差值
	$34d$	$d>25$	梁全长－左端柱宽－右端柱宽$+2\times 13.6d$		
四级抗震	$(30d)$	$d\leq 25$	梁全长－左端柱宽－右端柱宽$+2\times 12d$		
	$(33d)$	$d>25$	梁全长－左端柱宽－右端柱宽$+2\times 13.2d$		
非抗震级	$(30d)$	$d\leq 25$	梁全长－左端柱宽－右端柱宽$+2\times 12d$		
	$(33d)$	$d>25$	梁全长－左端柱宽－右端柱宽$+2\times 13.2d$		

表 2-3　HRB335 级钢筋 C35 混凝土框架梁贯通筋计算表（mm）

抗震等级	$l_{aE}(l_a)$	直　径	l_1	l_2	下料长度
一级抗震	$31d$	$d \leqslant 25$	梁全长－左端柱宽－右端柱宽＋$2 \times 12.4d$		
	$34d$	$d > 25$	梁全长－左端柱宽－右端柱宽＋$2 \times 13.6d$		
二级抗震	$31d$	$d \leqslant 25$	梁全长－左端柱宽－右端柱宽＋$2 \times 12.4d$		
	$34d$	$d > 25$	梁全长－左端柱宽－右端柱宽＋$2 \times 13.6d$		
三级抗震	$29d$	$d \leqslant 25$	梁全长－左端柱宽－右端柱宽＋$2 \times 11.6d$	$15d$	$l_1 + 2 \times l_2 -$ $2 \times$外皮差值
	$31d$	$d > 25$	梁全长－左端柱宽－右端柱宽＋$2 \times 12.4d$		
四级抗震	$(27d)$	$d \leqslant 25$	梁全长－左端柱宽－右端柱宽＋$2 \times 10.8d$		
	$(30d)$	$d > 25$	梁全长－左端柱宽－右端柱宽＋$2 \times 12d$		
非抗震级	$(27d)$	$d \leqslant 25$	梁全长－左端柱宽－右端柱宽＋$2 \times 10.8d$		
	$(30d)$	$d > 25$	梁全长－左端柱宽－右端柱宽＋$2 \times 12d$		

表 2-4　HRB335 级钢筋 ≥C40 混凝土框架梁贯通筋计算表（mm）

抗震等级	$l_{aE}(l_a)$	直　径	l_1	l_2	下料长度
一级抗震	$29d$	$d \leqslant 25$	梁全长－左端柱宽－右端柱宽＋$2 \times 11.6d$		
	$32d$	$d > 25$	梁全长－左端柱宽－右端柱宽＋$2 \times 12.8d$		
二级抗震	$29d$	$d \leqslant 25$	梁全长－左端柱宽－右端柱宽＋$2 \times 11.6d$		
	$32d$	$d > 25$	梁全长－左端柱宽－右端柱宽＋$2 \times 12.8d$		
三级抗震	$26d$	$d \leqslant 25$	梁全长－左端柱宽－右端柱宽＋$2 \times 10.4d$	$15d$	$l_1 + 2 \times l_2 -$ $2 \times$外皮差值
	$29d$	$d > 25$	梁全长－左端柱宽－右端柱宽＋$2 \times 11.6d$		
四级抗震	$(25d)$	$d \leqslant 25$	梁全长－左端柱宽－右端柱宽＋$2 \times 10d$		
	$(27d)$	$d > 25$	梁全长－左端柱宽－右端柱宽＋$2 \times 10.8d$		
非抗震级	$(25d)$	$d \leqslant 25$	梁全长－左端柱宽－右端柱宽＋$2 \times 10d$		
	$(27d)$	$d > 25$	梁全长－左端柱宽－右端柱宽＋$2 \times 10.8d$		

表 2-5　HRB400 级钢筋 C30 混凝土框架梁贯通筋计算表（mm）

抗震等级	$l_{aE}(l_a)$	直　径	l_1	l_2	下料长度
一级抗震	41d	d≤25	梁全长－左端柱宽－右端柱宽＋2×16.4d		
	45d	d＞25	梁全长－左端柱宽－右端柱宽＋2×18d		
二级抗震	41d	d≤25	梁全长－左端柱宽－右端柱宽＋2×16.4d		
	45d	d＞25	梁全长－左端柱宽－右端柱宽＋2×18d		
三级抗震	37d	d≤25	梁全长－左端柱宽－右端柱宽＋2×14.8d	15d	$l_1＋2×l_2－$ $2×$外皮差值
	41d	d＞25	梁全长－左端柱宽－右端柱宽＋2×16.4d		
四级抗震	(36d)	d≤25	梁全长－左端柱宽－右端柱宽＋2×14.4d		
	(39d)	d＞25	梁全长－左端柱宽－右端柱宽＋2×15.6d		
非抗震级	(36d)	d≤25	梁全长－左端柱宽－右端柱宽＋2×14.4d		
	(39d)	d＞25	梁全长－左端柱宽－右端柱宽＋2×15.6d		

表 2-6　HRB400 级钢筋 C35 混凝土框架梁贯通筋计算表（mm）

抗震等级	$l_{aE}(l_a)$	直　径	l_1	l_2	下料长度
一级抗震	37d	d≤25	梁全长－左端柱宽－右端柱宽＋2×14.8d		
	41d	d＞25	梁全长－左端柱宽－右端柱宽＋2×16.4d		
二级抗震	37d	d≤25	梁全长－左端柱宽－右端柱宽＋2×14.8d		
	41d	d＞25	梁全长－左端柱宽－右端柱宽＋2×16.4d		
三级抗震	34d	d≤25	梁全长－左端柱宽－右端柱宽＋2×13.6d	15d	$l_1＋2×l_2－$ $2×$外皮差值
	38d	d＞25	梁全长－左端柱宽－右端柱宽＋2×15.2d		
四级抗震	(33d)	d≤25	梁全长－左端柱宽－右端柱宽＋2×13.2d		
	(36d)	d＞25	梁全长－左端柱宽－右端柱宽＋2×14.4d		
非抗震级	(33d)	d≤25	梁全长－左端柱宽－右端柱宽＋2×13.2d		
	(36d)	d＞25	梁全长－左端柱宽－右端柱宽＋2×14.4d		

表 2-7　HRB400 级钢筋≥C40 混凝土框架梁贯通筋计算表（mm）

抗震等级	$l_{aE}(l_a)$	直　径	l_1	l_2	下料长度
一级抗震	34d	d≤25	梁全长－左端柱宽－右端柱宽＋2×13.6d		
	38d	d＞25	梁全长－左端柱宽－右端柱宽＋2×15.2d		
二级抗震	34d	d≤25	梁全长－左端柱宽－右端柱宽＋2×13.6d		
	38d	d＞25	梁全长－左端柱宽－右端柱宽＋2×15.2d		
三级抗震	31d	d≤25	梁全长－左端柱宽－右端柱宽＋2×12.4d	15d	$l_1＋2×l_2－2×$外皮差值
	34d	d＞25	梁全长－左端柱宽－右端柱宽＋2×13.6d		
四级抗震	(30d)	d≤25	梁全长－左端柱宽－右端柱宽＋2×12d		
	(33d)	d＞25	梁全长－左端柱宽－右端柱宽＋2×13.2d		
非抗震级	(30d)	d≤25	梁全长－左端柱宽－右端柱宽＋2×12d		
	(33d)	d＞25	梁全长－左端柱宽－右端柱宽＋2×13.2d		

◆ **边跨上部直角筋计算**

图 2-25 及图 2-26 为在梁与边柱交接处，在梁的上部放置承受负弯矩的直角形钢筋的示意图。筋的 l_1 部分，是由 1/3 边净跨长度和 $0.4l_{aE}$ 两部分组成。计算时参看表 2-8 至表 2-13 进行。

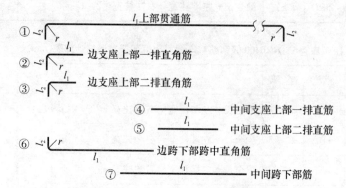

图 2-25　边跨上部直角筋的示意图（一）

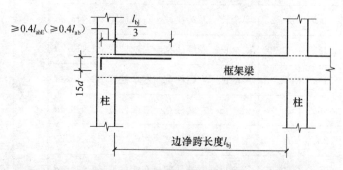

图 2-26　边跨上部直角筋的示意图（二）

表 2-8 HRB335 级钢筋 C30 混凝土框架梁边跨上部一排直角筋计算表（mm）

抗震等级	$l_{aE}(l_a)$	直　径	l_1	l_2	下料长度
一级抗震	$34d$	$d{\leqslant}25$	边净跨长度/3+13.6d		
	$38d$	$d{>}25$	边净跨长度/3+15.2d		
二级抗震	$34d$	$d{\leqslant}25$	边净跨长度/3+13.6d		
	$38d$	$d{>}25$	边净跨长度/3+15.2d		
三级抗震	$31d$	$d{\leqslant}25$	边净跨长度/3+12.4d	$15d$	l_1+l_2-外皮差值
	$34d$	$d{>}25$	边净跨长度/3+13.6d		
四级抗震	$(30d)$	$d{\leqslant}25$	边净跨长度/3+12d		
	$(33d)$	$d{>}25$	边净跨长度/3+13.2d		
非抗震级	$(30d)$	$d{\leqslant}25$	边净跨长度/3+12d		
	$(33d)$	$d{>}25$	边净跨长度/3+13.2d		

表 2-9 HRB335 级钢筋 C35 混凝土框架梁边跨上部一排直角筋计算表（mm）

抗震等级	$l_{aE}(l_a)$	直　径	l_1	l_2	下料长度
一级抗震	$31d$	$d{\leqslant}25$	边净跨长度/3+12.4d		
	$34d$	$d{>}25$	边净跨长度/3+13.6d		
二级抗震	$31d$	$d{\leqslant}25$	边净跨长度/3+12.4d		
	$34d$	$d{>}25$	边净跨长度/3+13.6d		
三级抗震	$29d$	$d{\leqslant}25$	边净跨长度/3+11.6d	$15d$	l_1+l_2-外皮差值
	$31d$	$d{>}25$	边净跨长度/3+12.4d		
四级抗震	$(27d)$	$d{\leqslant}25$	边净跨长度/3+10.8d		
	$(30d)$	$d{>}25$	边净跨长度/3+12d		
非抗震级	$(27d)$	$d{\leqslant}25$	边净跨长度/3+10.8d		
	$(30d)$	$d{>}25$	边净跨长度/3+12d		

表 2-10　HRB335 级钢筋≥C40 混凝土框架梁边跨上部一排直角筋计算表（mm）

抗震等级	$l_{aE}(l_a)$	直　径	l_1	l_2	下料长度
一级抗震	$29d$	$d{\leqslant}25$	边净跨长度/3+11.6d		
	$32d$	$d{>}25$	边净跨长度/3+12.8d		
二级抗震	$29d$	$d{\leqslant}25$	边净跨长度/3+11.6d		
	$32d$	$d{>}25$	边净跨长度/3+12.8d		
三级抗震	$26d$	$d{\leqslant}25$	边净跨长度/3+10.4d	$15d$	l_1+l_2-外皮差值
	$29d$	$d{>}25$	边净跨长度/3+11.6d		
四级抗震	$(25d)$	$d{\leqslant}25$	边净跨长度/3+10d		
	$(27d)$	$d{>}25$	边净跨长度/3+10.8d		
非抗震级	$(25d)$	$d{\leqslant}25$	边净跨长度/3+10d		
	$(27d)$	$d{>}25$	边净跨长度/3+10.8d		

表 2-11　HRB400 级钢筋 C30 混凝土框架梁边跨上部一排直角筋计算表（mm）

抗震等级	$l_{aE}(l_a)$	直　径	l_1	l_2	下料长度
一级抗震	$41d$	$d{\leqslant}25$	边净跨长度/3+16.4d		
	$45d$	$d{>}25$	边净跨长度/3+18d		
二级抗震	$41d$	$d{\leqslant}25$	边净跨长度/3+16.4d		
	$45d$	$d{>}25$	边净跨长度/3+18d		
三级抗震	$37d$	$d{\leqslant}25$	边净跨长度/3+14.8d	$15d$	l_1+l_2-外皮差值
	$41d$	$d{>}25$	边净跨长度/3+16.4d		
四级抗震	$(36d)$	$d{\leqslant}25$	边净跨长度/3+14.4d		
	$(39d)$	$d{>}25$	边净跨长度/3+15.6d		
非抗震级	$(36d)$	$d{\leqslant}25$	边净跨长度/3+14.4d		
	$(39d)$	$d{>}25$	边净跨长度/3+15.6d		

表 2-12　HRB400 级钢筋 C35 混凝土框架梁边跨上部一排直角筋计算表（mm）

抗震等级	$l_{aE}(l_a)$	直　径	l_1	l_2	下料长度
一级抗震	37d	d≤25	边净跨长度/3＋14.8d		
	41d	d>25	边净跨长度/3＋16.4d		
二级抗震	37d	d≤25	边净跨长度/3＋14.8d		
	41d	d>25	边净跨长度/3＋16.4d		
三级抗震	34d	d≤25	边净跨长度/3＋13.6d	15d	l_1+l_2-外皮差值
	38d	d>25	边净跨长度/3＋15.2d		
四级抗震	(33d)	d≤25	边净跨长度/3＋13.2d		
	(36d)	d>25	边净跨长度/3＋14.4d		
非抗震级	(33d)	d≤25	边净跨长度/3＋13.2d		
	(36d)	d>25	边净跨长度/3＋14.4d		

表 2-13　HRB400 级钢筋≥C40 混凝土框架梁边跨上部一排直角筋计算表（mm）

抗震等级	$l_{aE}(l_a)$	直　径	l_1	l_2	下料长度
一级抗震	34d	d≤25	边净跨长度/3＋13.6d		
	38d	d>25	边净跨长度/3＋15.2d		
二级抗震	34d	d≤25	边净跨长度/3＋13.6d		
	38d	d>25	边净跨长度/3＋15.2d		
三级抗震	31d	d≤25	边净跨长度/3＋12.4d	15d	l_1+l_2-外皮差值
	34d	d>25	边净跨长度/3＋13.6d		
四级抗震	(30d)	d≤25	边净跨长度/3＋12d		
	(33d)	d>25	边净跨长度/3＋13.2d		
非抗震级	(30d)	d≤25	边净跨长度/3＋12d		
	(33d)	d>25	边净跨长度/3＋13.2d		

◆ 中间支座上部一排直筋计算

　　图 2-27 为中间支座上部一排直筋的示意图，这类直筋的加工、下料尺寸公式如下。

　　设：左净跨长度＝$l_左$；

　　　　右净跨长度＝$l_右$；

左、右净跨长度中取较大值$=l_大$,则有

$l_1=2\times l_大/3+$中间柱宽

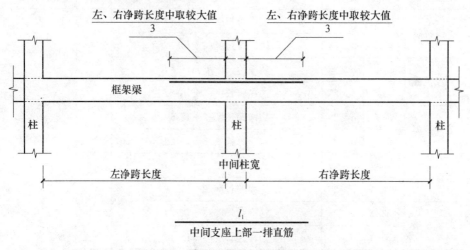

图 2-27　中间支座上部一排直筋的示意图

◆ 中间支座上部二排直筋计算

图 2-28 所示为中间支座上部二排直筋的示意图,其加工、下料尺寸计算与一排直筋基本一样,公式如下。

设:左净跨长度$=l_左$;

右净跨长度$=l_右$;

左、右净跨长度中取较大值$=l_大$,则有

$l_1=2\times l_大/4+$中间柱宽

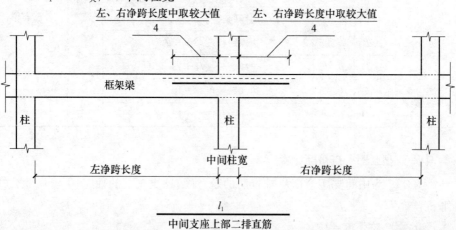

图 2-28　中间支座上部二排直筋的示意图

◆ 边跨下部跨中直角筋计算

图 2-29 所示为边跨下部跨中直角筋的示意图，l_1 由锚入边柱部分、边净跨度部分、锚入中柱部分三部分组成。

$$下料长度＝l_1＋l_2－外皮差值$$

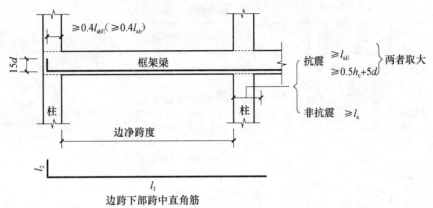

图 2-29 边跨下部跨中直角筋的示意图

具体计算见表 2-14 至表 2-19。

表 2-14 HRB335 级钢筋 C30 混凝土框架梁边跨下部跨中直角筋计算表（mm）

抗震等级	$l_{aE}(l_a)$	直 径	l_1	l_2	下料长度
一级抗震	$34d$	$d \leqslant 25$	$13.6d+$边净跨度$+$锚固值		
	$38d$	$d > 25$	$15.2d+$边净跨度$+$锚固值		
二级抗震	$34d$	$d \leqslant 25$	$13.6d+$边净跨度$+$锚固值		
	$38d$	$d > 25$	$15.2d+$边净跨度$+$锚固值		
三级抗震	$31d$	$d \leqslant 25$	$12.4d+$边净跨度$+$锚固值	$15d$	l_1+l_2-外皮差值
	$34d$	$d > 25$	$13.6d+$边净跨度$+$锚固值		
四级抗震	$(30d)$	$d \leqslant 25$	$12d+$边净跨度$+$锚固值		
	$(32d)$	$d > 25$	$13.2d+$边净跨度$+$锚固值		
非抗震级	$(30d)$	$d \leqslant 25$	$12d+$边净跨度$+30d$		
	$(33d)$	$d > 25$	$13.2d+$边净跨度$+33d$		

表 2-15　HRB335 级钢筋 C35 混凝土框架梁边跨下部跨中直角筋计算表(mm)

抗震等级	$l_{aE}(l_a)$	直　径	l_1	l_2	下料长度
一级抗震	31d	d≤25	12.4d＋边净跨度＋锚固值		
	34d	d＞25	13.6d＋边净跨度＋锚固值		
二级抗震	31d	d≤25	12.4d＋边净跨度＋锚固值		
	34d	d＞25	13.6d＋边净跨度＋锚固值		
三级抗震	29d	d≤25	11.6d＋边净跨度＋锚固值	15d	$l_1＋l_2－$ 外皮差值
	31d	d＞25	12.4d＋边净跨度＋锚固值		
四级抗震	(27d)	d≤25	10.8d＋边净跨度＋锚固值		
	(30d)	d＞25	12d＋边净跨度＋锚固值		
非抗震级	(27d)	d≤25	10.8d＋边净跨度＋27d		
	(30d)	d＞25	12d＋边净跨度＋30d		

表 2-16　HRB335 级钢筋≥C40 混凝土框架梁边跨下部跨中直角筋计算表(mm)

抗震等级	$l_{aE}(l_a)$	直　径	l_1	l_2	下料长度
一级抗震	29d	d≤25	11.6d＋边净跨度＋锚固值		
	32d	d＞25	12.8d＋边净跨度＋锚固值		
二级抗震	29d	d≤25	11.6d＋边净跨度＋锚固值		
	32d	d＞25	12.8d＋边净跨度＋锚固值		
三级抗震	26d	d≤25	10.4d＋边净跨度＋锚固值	15d	$l_1＋l_2－$ 外皮差值
	29d	d＞25	11.6d＋边净跨度＋锚固值		
四级抗震	(25d)	d≤25	10d＋边净跨度＋锚固值		
	(27d)	d＞25	10.8d＋边净跨度＋锚固值		
非抗震级	(25d)	d≤25	10d＋边净跨度＋25d		
	(27d)	d＞25	10.8d＋边净跨度＋27d		

表 2-17　HRB400 级钢筋 C30 混凝土框架梁边跨下部跨中直角筋计算表（mm）

抗震等级	$l_{aE}(l_a)$	直　径	l_1	l_2	下料长度
一级抗震	$41d$	$d \leqslant 25$	$16.4d+$边净跨度$+$锚固值		
	$45d$	$d > 25$	$18d+$边净跨度$+$锚固值		
二级抗震	$41d$	$d \leqslant 25$	$16.4d+$边净跨度$+$锚固值		
	$45d$	$d > 25$	$18d+$边净跨度$+$锚固值		
三级抗震	$37d$	$d \leqslant 25$	$14.8d+$边净跨度$+$锚固值	$15d$	l_1+l_2+外皮差值
	$41d$	$d > 25$	$16.4d+$边净跨度$+$锚固值		
四级抗震	$(36d)$	$d \leqslant 25$	$14.4d+$边净跨度$+$锚固值		
	$(39d)$	$d > 25$	$15.6d+$边净跨度$+$锚固值		
非抗震级	$(36d)$	$d \leqslant 25$	$14.4d+$边净跨度$+36d$		
	$(39d)$	$d > 25$	$15.6d+$边净跨度$+39d$		

表 2-18　HRB400 级钢筋 C35 混凝土框架梁边跨下部跨中直角筋计算表（mm）

抗震等级	$l_{aE}(l_a)$	直　径	l_1	l_2	下料长度
一级抗震	$37d$	$d \leqslant 25$	$14.8d+$边净跨度$+$锚固值		
	$41d$	$d > 25$	$16.4d+$边净跨度$+$锚固值		
二级抗震	$37d$	$d \leqslant 25$	$14.8d+$边净跨度$+$锚固值		
	$41d$	$d > 25$	$16.4d+$边净跨度$+$锚固值		
三级抗震	$34d$	$d \leqslant 25$	$13.6d+$边净跨度$+$锚固值	$15d$	l_1+l_2-外皮差值
	$38d$	$d > 25$	$15.2d+$边净跨度$+$锚固值		
四级抗震	$(33d)$	$d \leqslant 25$	$13.2d+$边净跨度$+$锚固值		
	$(36d)$	$d > 25$	$14.4d+$边净跨度$+$锚固值		
非抗震级	$(33d)$	$d \leqslant 25$	$13.2d+$边净跨度$+33d$		
	$(36d)$	$d > 25$	$14.4d+$边净跨度$+36d$		

表 2-19 HRB400 级钢筋≥C40 混凝土框架梁边跨下部跨中直角筋计算表(mm)

抗震等级	$l_{aE}(l_a)$	直径	l_1	l_2	下料长度
一级抗震	$34d$	$d\leqslant25$	$13.6d$＋边净跨度＋锚固值	$15d$	l_1+l_2-外皮差值
	$38d$	$d>25$	$15.2d$＋边净跨度＋锚固值		
二级抗震	$34d$	$d\leqslant25$	$13.6d$＋边净跨度＋锚固值		
	$38d$	$d>25$	$15.2d$＋边净跨度＋锚固值		
三级抗震	$31d$	$d\leqslant25$	$12.4d$＋边净跨度＋锚固值		
	$34d$	$d>25$	$13.6d$＋边净跨度＋锚固值		
四级抗震	$(30d)$	$d\leqslant25$	$12d$＋边净跨度＋锚固值		
	$(33d)$	$d>25$	$13.2d$＋边净跨度＋锚固值		
非抗震级	$(30d)$	$d\leqslant25$	$12d$＋边净跨度＋$30d$		
	$(33d)$	$d>25$	$13.2d$＋边净跨度＋$33d$		

◆ 中间跨下部筋计算

由图 2-30 可知,l_1 是由中间净跨长度、锚入左柱部分、锚入右柱部分三部分组成的,即：

下料长度 l_1＝中间净跨长度＋锚入左柱部分＋锚入右柱部分

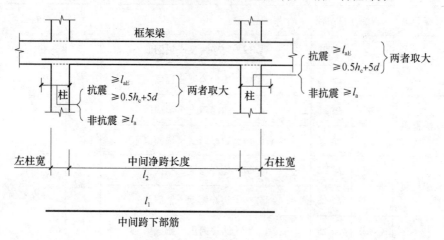

图 2-30 中间跨下部筋示意图

锚入左柱部分、锚入右柱部分经取较大值后,各被称为"左锚固值"、"右锚固值"。当左、右两柱的宽度不一样时,两个"锚固值"是不相等的。具体计算见表 2-20 至表 2-25。

表 2-20 HRB335 级钢筋 C30 混凝土框架梁中间跨下部筋计算表(mm)

抗震等级	$l_{aE}(l_a)$	直 径	l_1	l_2	下料长度
一级抗震	34d	d≤25			
	38d	d>25			
二级抗震	34d	d≤25			
	38d	d>25			
三级抗震	31d	d≤25	左锚固值+中间净跨长度+右锚固值	15d	l_1
	34d	d>25			
四级抗震	(30d)	d≤25			
	(33d)	d>25			
非抗震级	(30d)	d≤25			
	(33d)	d>25			

表 2-21 HRB335 级钢筋 C35 混凝土框架梁中间跨下部筋计算表(mm)

抗震等级	$l_{aE}(l_a)$	直 径	l_1	l_2	下料长度
一级抗震	31d	d≤25			
	34d	d>25			
二级抗震	31d	d≤25			
	34d	d>25			
三级抗震	29d	d≤25	左锚固值+中间净跨长度+右锚固值	15d	l_1
	31d	d>25			
四级抗震	(27d)	d≤25			
	(30d)	d>25			
非抗震级	(27d)	d≤25			
	(30d)	d>25			

表 2-22　**HRB335 级钢筋≥C40 混凝土框架梁中间跨下部筋计算表**（mm）

抗震等级	$l_{aE}(l_a)$	直　径	l_1	l_2	下料长度
一级抗震	29d	d≤25			
	32d	d>25			
二级抗震	29d	d≤25			
	32d	d>25			
三级抗震	26d	d≤25	左锚固值+中间净跨长度+右锚固值	15d	l_1
	29d	d>25			
四级抗震	(25d)	d≤25			
	(27d)	d>25			
非抗震级	(25d)	d≤25			
	(27d)	d>25			

表 2-23　**HRB400 级钢筋 C30 混凝土框架梁中间跨下部筋计算表**（mm）

抗震等级	$l_{aE}(l_a)$	直　径	l_1	l_2	下料长度
一级抗震	41d	d≤25			
	45d	d>25			
二级抗震	41d	d≤25			
	45d	d>25			
三级抗震	37d	d≤25	左锚固值+中间净跨长度+右锚固值	15d	l_1
	41d	d>25			
四级抗震	(36d)	d≤25			
	(39d)	d>25			
非抗震级	(36d)	d≤25			
	(39d)	d>25			

表 2-24 **HRB400 级钢筋 C35 混凝土框架梁中间跨下部筋计算表**（mm）

抗震等级	$l_{aE}(l_a)$	直 径	l_1	l_2	下料长度
一级抗震	$37d$	$d \leq 25$	左锚固值＋中间净跨长度＋右锚固值	$15d$	l_1
	$41d$	$d > 25$			
二级抗震	$37d$	$d \leq 25$			
	$41d$	$d > 25$			
三级抗震	$34d$	$d \leq 25$			
	$38d$	$d > 25$			
四级抗震	$(33d)$	$d \leq 25$			
	$(36d)$	$d > 25$			
非抗震级	$(33d)$	$d \leq 25$			
	$(36d)$	$d > 25$			

表 2-25 **HRB400 级钢筋 ≥C40 混凝土框架梁中间跨下部筋计算表**（mm）

抗震等级	$l_{aE}(l_a)$	直 径	l_1	l_2	下料长度
一级抗震	$34d$	$d \leq 25$	左锚固值＋中间净跨长度＋右锚固值	$15d$	l_1
	$38d$	$d > 25$			
二级抗震	$34d$	$d \leq 25$			
	$38d$	$d > 25$			
三级抗震	$31d$	$d \leq 25$			
	$34d$	$d > 25$			
四级抗震	$(30d)$	$d \leq 25$			
	$(33d)$	$d > 25$			
非抗震级	$(30d)$	$d \leq 25$			
	$(33d)$	$d > 25$			

◆ **边跨和中跨搭接架立筋计算**

架立筋与边净跨长度、左右净跨长度以及搭接长度的关系如图 2-31 所示。

计算时，需要知道搭接的对象。若边跨搭接架立筋要和两根筋搭接，则一端和边跨上部一排直角筋的水平端搭接，另一端和中间支座上部一排直筋搭接。搭接长度的规定如下。

结构为抗震时:有贯通筋时为 150 mm;无贯通筋时为 l_{lE}。若此架立筋是构造需要,l_{lE}宜按 $1.2l_{aE}$取值。

结构为非抗震时,搭接长度为 150 mm。

计算方法如下:

$l_1 =$ 边净跨长度 $-$(边净跨长度$/3$)$-$(左、右净跨长度中取较大值$/3$)$+2$(搭接长度)

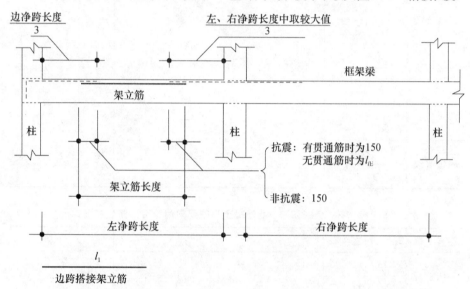

图 2-31　架立筋与边净跨长度、左右净跨长度以及搭接长度的关系

【相关知识】

◆ **非抗震楼层框架梁 KL 纵向钢筋构造**

非抗震楼层框架梁 KL 纵向钢筋构造,见 11G101－1 图集第 81 页。

(1)非抗震楼层框架梁 KL 纵向钢筋构造和抗震楼层框架梁大致相同,只是把 l_{aE}换成了 l_a(非抗震的锚固长度)。

(2)梁纵筋在支座或节点内部可以直锚,也可弯锚。

(3)下部纵筋在中间支座的直锚长度只需$\geqslant l_a$,不要求"超过柱中心线 $5d$"(11G101－1 图集第 81 页上图)。

(4)上部纵筋和下部纵筋在端支座的直锚长度需$\geqslant l_a$,且$\geqslant 0.5h_c + 5d$(11G101－1 图集第 81 页下中图)。

(5)下部纵筋在中间支座中的弯锚,弯钩为 $15d$,水平段$\geqslant 0.4l_{ab}$,不要求"超过柱中心线 $5d$"(11G101－1 图集第 84 页④图)。

(6)当梁上部有通长钢筋时,连接位置宜位于跨中 $l_{ni}/3$ 范围内;梁下部钢筋连接位置宜位于支座 $l_{ni}/3$ 范围内；且在同一连接区段内钢筋接头面积百分率不宜大于 50%。

(7)当梁纵筋(不包括侧面 G 打头的构造筋及架力筋)采用绑扎搭接接长时，搭接区内箍筋直径及间距要求见 11G101-1 图集第 54 页。

(8)梁下部钢筋不能在柱内锚固时，可在节点外搭接。相邻跨钢筋直径不同时，搭接位置位于较小直径一跨。

◆ **非抗震屋面框架梁 WKL 纵向钢筋构造**

非抗震屋面框架梁 WKL 纵向钢筋构造，见 11G101-1 图集第 82 页。

(1)非抗震屋面框架梁 KL 纵向钢筋构造和抗震屋面框架梁大致相同，只是把 l_aE 改成 l_a(非抗震的锚固长度)。

(2)屋面框架梁的下部纵筋在端支座的直锚长度 $\geqslant l_a$，且 $\geqslant 0.5h_c+5d$，可不必向上弯锚。

(3)当梁上部有通长钢筋时，连接位置宜位于跨中 $l_{ni}/3$ 范围内；梁下部钢筋连接位置宜位于支座 $l_{ni}/3$ 范围内；且在同一连接区段内钢筋接头面积百分率不宜大于 50%。

(4)当梁纵筋(不包括侧面 G 打头的构造筋及架力筋)采用绑扎搭接接长时，搭接区内箍筋直径及间距要求见 11G101-1 图集第 54 页。

(5)梁下部钢筋不能在柱内锚固时，可在节点搭接。相邻跨钢筋直径不同时，搭接位置位于较小直径一跨。

◆ **非抗震 KL、WKL 箍筋**

非抗震 KL、WKL 箍筋见 11G101-1 图集第 85 页。

(1)图集没有作为抗震构造要求的箍筋加密区。

(2)第一个箍筋在距支座边缘 50 mm 处开始设置。

(3)弧形梁沿中心线展开，箍筋间距沿凸面线量度。

【实例分析】

【例 2-15】 抗震框架梁 KL1 为三跨梁，轴线跨度 3800 mm，支座 KZ1 为 500 mm×500 mm，正中：

集中标注的箍筋 $\phi 8@100/200(4)$；

集中标注的上部钢筋 2Φ25+(2Φ14)；

每跨梁左右支座的原位标注都是 4Φ25；

(混凝土强度等级 C25，二级抗震等级)。

计算 KL1 的架立筋。

【解】 KL1 每跨的净跨长度 $l_n=3800-500=3300$ (mm)，所以

每跨的架立筋长度 $= l_n/3 + 150 \times 2 = 1400(\text{mm})$

每跨的架立筋根数 = 箍筋的肢数 - 上部通长筋的根数 $= 4 - 2 = 2(\text{根})$

【例 2-16】 抗震框架梁 KL2 为两跨梁,第一跨轴线跨度为 2900 mm,第二跨轴线跨度为 2800 mm,支座 KZ1 为 500 mm×500 mm,正中:

集中标注的箍筋Φ 10@100/200(4);

集中标注的上部钢筋 2 Φ 25+(2 Φ 14);

每跨梁左右支座的原位标注都是 4 Φ 25;

(混凝土强度等级 C25,二级抗震等级)。

计算 KL2 的架立筋。

【解】 KL2 的第一跨架立筋:

第一跨净跨长度 $l_{n1} = 2900 - 500 = 2400(\text{mm})$

第二跨净跨长度 $l_{n2} = 3800 - 500 = 3300(\text{mm})$

$$l_n = \max(l_{n1}, l_{n2}) = \max(2400, 3300) = 3300(\text{mm})$$

架立筋长度 $= l_{n1} - l_{n1}/3 - l_n/3 + 150 \times 2$

$\qquad = 2400 - 2400/3 - 3300/3 + 150 \times 2$

$\qquad = 800(\text{mm})$

每跨的架立筋根数 = 箍筋的肢数 - 上部通长筋的根数 $= 4 - 2 = 2(\text{根})$

KL2 的第二跨架立筋:

架立筋长度 $= l_{n2} - l_n/3 - l_{n2}/3 + 150 \times 2$

$\qquad = 3300 - 3300/3 - 3300/3 + 150 \times 2$

$\qquad = 1400(\text{mm})$

每跨的架立筋根数 = 箍筋的肢数 - 上部通长筋的根数 $= 4 - 2 = 2(\text{根})$

【例 2-17】 已知框架楼层连续梁,直径 $d = 20$,左净跨长度为 5.4 m,右净跨长度为 5.4 m,柱宽为 450 mm,求钢筋下料长度尺寸。

【解】 $l_1 = 2 \times 5400/3 + 450 = 4050(\text{mm})$

【例 2-18】 已知抗震等级为四级的框架楼层连续梁,选用 HRB335 级钢筋,直径 $d = 20$ mm,C30 混凝土,边净跨长度为 5.4 m,柱宽 500 mm,求下料长度尺寸。

【解】 $l_{aE} = 30d = 600(\text{mm})$

$\qquad 0.5h_c + 5d = 250 + 100 = 350(\text{mm})$

$\qquad$ 取 600 $\quad l_1 = 12d + 5400 + 600 = 6240(\text{mm})$

$\qquad\qquad\qquad l_2 = 15d = 300(\text{mm})$

下料长度 $= l_1 + l_2 -$ 外皮差值 $= 6240 + 300 - 2.931d \approx 6481(\text{mm})$

【例 2-19】 已知梁已有贯通筋,边净跨长度 6.3 m,右净跨长度为 5.6 m,求架立筋的长度。

【解】　因为边净跨长度比右净跨长度大，

所以 , $6300-6300/3-6300/3+2\times150=2400(mm)$

【例 2-20】　非框架梁 L4 为单跨梁，轴线跨度 4000 mm，支座 KL1 为 400 mm×700 mm，正中：

集中标注的箍筋：Φ8@200(2)；

集中标注的上部钢筋：2 Φ14；

左右支座的原位标注：3 Φ20。

（混凝土强度等级 C25，二级抗震等级）

计算 L4 的架立筋。

【解】　$l_{n1}=4000-400=3600(mm)$

架立筋长度$=l_{n1}/3+150\times2=3600/3+150\times2=1500(mm)$

架立筋根数＝2 根

【例 2-21】　KL1 的截面尺寸是 300×700，箍筋为Φ8@100/200(2)，集中标注的侧面纵向构造钢筋为 G4Φ8，求：侧面纵向构造钢筋的拉筋规格和尺寸（混凝土强度等级为 C25）。

【解】　(1)求拉筋的规格。

因为 KL1 的截面宽度为 300 mm＜350 mm，所以拉筋的直径为 6 mm。

(2)求拉筋的尺寸。

拉筋水平长度＝梁箍筋宽度＋2×箍筋直径＋2×拉筋直径

梁箍筋宽度＝梁截面宽度－2×保护层＝$300-2\times25=250(mm)$，所以

拉筋水平长度$=250+2\times8+2\times6=278(mm)$

(3)拉筋的两端各有一个 135° 的弯钩，弯钩平直段为 $8d$

拉筋的每根长度＝拉筋水平长度＋$26d$，所以

拉筋的每根长度$=278+26\times6=434(mm)$

分支三　非框架梁及井字梁钢筋

【要　　点】

本分支主要介绍非框架梁构造、非框架梁上部纵筋的延伸长度、非框架梁纵向钢筋的锚固、非框架梁纵向钢筋的连接、井字梁概念、井字梁构造以及非框架梁及井字梁钢筋总结等内容。

【解　　释】

◆ **非框架梁构造**

非框架梁 L 配筋构造见 11G101－1 图集第 86 页"L 配筋构造"，如图 2-32

所示。

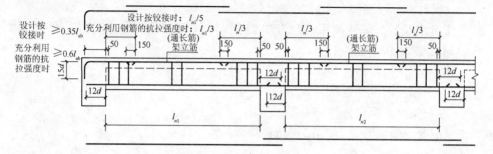

图 2-32 非框架梁配筋效果

◆ **非框架梁上部纵筋的延伸长度**

1．非框架梁端支座上部纵筋的延伸长度

（1）当端支座为柱、剪力墙、框支梁或深梁时，梁端部上部纵筋取 $l_n/3$（l_n 为相邻左右两跨中跨度较大一跨的净跨值）。

（2）一般情况下，梁端部上部纵筋取 $l_{n1}/5$（l_{n1} 为本跨的净跨值）。

（3）弧形非框架梁的梁端部上部纵筋取 $l_{n1}/3$。

2．非框架梁中间支座上部纵筋的延伸长度

非框架梁中间支座上部纵筋的延伸长度取 $l_n/3$（l_n 为相邻左右两跨中跨度较大一跨的净跨值）。

◆ **非框架梁纵向钢筋的锚固**

（1）非框架梁上部纵筋在端支座的锚固。

图示尺寸伸入支座的直锚长度设计按铰接时 $\geqslant 0.35l_{ab}$，充分利用钢筋的抗拉强度时 $\geqslant 0.6l_{ab}$，弯直钩 $15d$。

（2）下部纵筋在端支座的锚固。

图示尺寸直锚 $12d$。

当为光面钢筋时，梁下部钢筋的直锚长度为 $15d$。

（3）下部纵筋在中间支座的锚固。

图示尺寸直锚 $12d$。

当为光面钢筋时，梁下部钢筋的直锚长度为 $15d$。

◆ **非框架梁纵向钢筋的连接**

由 11G101－1 图集第 86 页"非框架梁 L 配筋构造"可知：

（1）架力筋的搭接长度为 150 mm。

（2）当端支座为柱、剪力墙（平面内连接）时，梁端部应设箍筋加密区，设计应确定加密区长度。设计未确定时取该工程框架梁加密区长度。梁端与柱斜交,或与圆柱相交时的箍筋起始位置见 11G101-1 图集第 85 页。

(3)当梁上部有通长钢筋时,连接位置宜位于跨中 $l_{ni}/3$ 范围内;梁下部钢筋连接位置宜位于支座 $l_{ni}/4$ 范围内;且在同一连接区段内钢筋接头面积百分率不宜大于 50%。

(4)当梁纵筋(不包括侧面 G 打头的构造筋及架力筋)采用绑扎搭接接长时,搭接区内箍筋直径及间距要求见 11G101-1 图集第 54 页。

(5)当梁配有受扭纵向钢筋时,梁下部纵筋锚入支座的长度应为 l_a,在端支座直锚长度不足时可弯锚。

(6)纵筋在端支座应伸至主梁外侧纵筋内侧后弯折,当直段长度不小于 l_a 时可不弯折。

(7)弧形非框架梁的箍筋间距沿梁凸面线度量。

◆ 井字梁概念

(1)井字梁楼盖近似正方形。若楼盖平面为长方形,则应分成两块井字梁楼盖。

(2)井字梁并不是主次梁。构成井字梁的纵横各梁的截面高度是相等的。在一块井字梁楼盖中,相交的纵横各梁互不打断。井字梁的跨度按大跨计算,而不按彼此断开的小跨计算。

(3)在井字梁的施工中,通常是短向的梁放在下面,长向的梁放在上面。而梁的下部纵筋是短向的梁放在下面,长向的梁放在上面;上部纵筋和下部纵筋一样,也是短向的梁放在下面,长向的梁放在上面。在设计时考虑放在上面的梁的有效高度的扣减。

(4)至于纵横交叉两种梁的箍筋,可以做成不一样的,也可做成一样的,还可仿照主次梁的关系来制作和安装箍筋。

◆ 井字梁构造

井字梁 JZL 配筋构造见 11G101-1 图集第 91 页。

从 11G101-1 图集中可知:

(1)上部纵筋锚入端支座的水平段长度设计按铰接时 $\geqslant 0.35l_{ab}$,充分利用钢筋的抗拉强度时 $\geqslant 0.6l_{ab}$。弯锚 15d。

(2)架立筋与支座负筋的搭接长度为 150 mm。

(3)下部纵筋在端支座直锚 12d;下部纵筋在中间支座直锚 12d。当梁中纵筋采用光面钢筋时,图中 12d 应改为 15d。

(4)从距支座边缘 50 mm 处开始布置第一个箍筋。

(5)井字梁的集中标注和原位标注方法同非框架梁。

(6)设计无具体说明时,井字梁上、下部纵筋均短跨在下,长跨在上;短跨梁箍筋在相交范围内通长设置;相交处两侧各附加 3 道箍筋,间距 50 mm,箍筋直径及肢数同梁内箍筋。

(7)纵筋在端支座应伸至主梁外侧纵筋内侧后弯折,当直段长度不小于 l_a 时可不弯折。

(8)当梁上部有通长钢筋时,连接位置宜位于跨中 $l_{ni}/3$ 范围内,梁下部钢筋连接位置宜位于支座 $l_{ni}/4$ 范围内,且在同一连接区段内钢筋接头面积百分率不宜大于 50%。

(9)当梁纵筋(不包括侧面 G 打头的构造筋及架力筋)采用绑扎搭接接长时,搭接区内箍筋直径及间距要求见 11G101-1 图集第 54 页。

◆ **非框架梁及井字梁钢筋总结**

非框架梁及井字梁钢筋总结见表 2-26。

表 2-26 非框架梁及井字梁钢筋总结

非框架梁及井字梁钢筋总结				出处
上部支座钢筋	端支座	主梁宽$-c+15d$	—	—	06G901-1 图集第 2-33 页
	中间支座	梁顶有高差,且 $c/(b-50)>1/6$	高标高钢筋	主梁宽$-c+15d$	06G901-1 图集第 2-34 页
			低标高钢筋	$1.6l_a$	
		梁宽度不同或钢筋根数不同	多出或宽出的钢筋弯锚	$0.4l_a+15d$	
	延伸长度	直形梁	端支座,$l_n/5$;中间支座,$l_n/3$		—
架立筋	与负筋搭接	直形梁	150 mm		11G101-1 图集第 86 页
下部钢筋	支座锚固	直形梁	12d		
箍筋根数	井字梁	井字梁相交处,只有一个方向箍筋贯通布置			06G901-1 图集第 2-27 页

【相关知识】

◆ **非框架梁与次梁的区别**

非框架梁是相对于框架梁而言的,而次梁则是相对于主梁而言。

在框架结构中,次梁通常是非框架梁。因为次梁以主梁为支座,而非框架梁以框架或非框架梁为支座。但也有例外,如图 2-33 左图的框架梁 KL3 就是以 KL2 为中间支座,故此 KL2 就是主梁,而框架梁 KL3 就成了次梁。

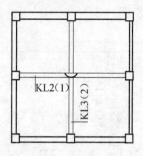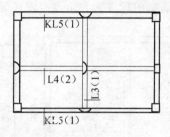

图 2-33 非框架梁与次梁的区别示意图

另外,次梁还有一级次梁和二级次梁之分。例如图 2-33 右图中的 L3 是一级次梁,以框架梁 KL5 为支座;L4 为二级次梁,以 L3 为支座。

◆ **井字梁相交处的箍筋布置**

框架梁两端是支座,中间不与另外的框架梁相交,因为框架梁相交的地方全是支座,在支座范围内,是不布置梁箍筋的,柱箍筋在该位置连续布置(图 2-34)。

对于密肋形楼盖来说,主梁是井字梁的支座,而井字梁相交处并不是支座。故在井字梁相交的地方,即在梁梁相交处,位于纵筋上面的梁的箍筋连续布置,另一个方向从相交的梁边开始布置。纵筋布置的方向由设计者确定。

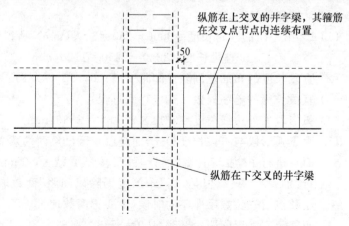

图 2-34 井字相交处箍筋布置图

【实例分析】

【例2-22】 计算11G101-1图集第34页例子工程的非框架梁L3的箍筋根数。箍筋集中标注为Φ8@200(2)(图2-35左图)。

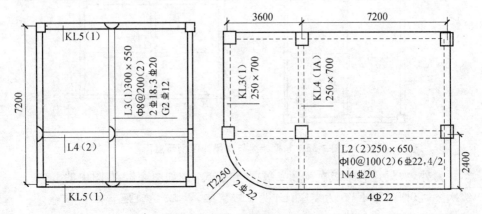

图2-35 例2-23和例2-24题图

【解】 (1) L3的净跨长度=7200-250=6950(mm)

(2) 布筋范围=净跨长度-50×2=6950-50×2

(3) 计算"布筋范围除以间距":

(6950-50×2)/200=34.25,取整为35。

(4) 箍筋根数=布筋范围除以间距+1=35+1=36(根)。

【例2-23】 计算图2-35右图的非框架梁L2第一跨(弧形梁)的箍筋根数。箍筋集中标注为Φ10@100(2)。

【解】 (1) L2第一跨的净跨长度=3600-250=3350(mm),所以

直段长度=3350-2250=1100(mm)

(2) 直段长度的布筋范围除以间距=(1100-50×2)/100=10

(3) 直段长度的箍筋根数=10+1=11(根)

(4) 弧形段的外边线长度=3.14×2250/2=3533(mm)

(5) 由于弧形段与直段长度相连,而直段长度已经两端减去50mm,而且进行了"加1"计算,所以,弧形段不要减去50mm,也不执行"加1"计算。(但是,当"布筋范围除以间距"商数取整时,当小数点后一位数字非零的时候,也要把商数加1。)

布筋范围除以间距=3533/100=35.33,取整为36,

因此,弧形段的箍筋根数=36(根)

(6) 非框架梁L2第一跨的箍筋根数=11+36=47(根)

分支四　悬挑梁钢筋

【要　　点】

本分支主要介绍悬挑梁构造、悬挑梁钢筋情况、变截面悬挑梁箍筋概念和悬挑梁钢筋总结等内容。

【解　　释】

◆ **悬挑梁构造**

1. 梁悬挑端的构造特点

（1）梁的悬挑端在"上部跨中"位置进行上部纵筋原位标注，因为悬挑端的上部纵筋是"全跨贯通"的。

（2）悬挑端的下部钢筋为受压钢筋，它只需较小的配筋就可以了，不同于框架梁第一跨的下部纵筋（受拉钢筋）。

（3）悬挑端的箍筋通常没有"加密区和非加密区"的区别，只有一种间距，如：采用φ8@200(2)这种格式。

（4）在悬挑端进行梁截面尺寸的原位标注。悬挑端常为"变截面"构造，如梁根截面高度为 800 mm，而梁端截面高度为 400 mm，设梁宽 300 mm，则其截面尺寸的原位标注为 300×800/400。

2. 悬挑梁的配筋构造

11G101－1图集第 89 页"纯悬挑梁 XL 及各类梁的悬挑端配筋构造"对悬挑梁配筋构造的规定及其上部纵筋和下部纵筋的特点如下所述（图 2-36）。

（1）悬挑梁上部纵筋的配筋构造。

纯悬挑梁（XL）和各类梁的悬挑端的主筋是上部纵筋。

1）第一排上部纵筋，"至少两根角筋，并且不少于第一排纵筋的 1/2"的上部纵筋延伸到悬挑梁端部，再拐直角弯直伸到梁底，"其余纵筋弯下"，即钢筋在端部附近下弯 45°的斜坡。

第一排上部纵筋有 4 根，则第 1、4 根一直伸到悬挑梁端部，第 2、3 根在端部附近下弯 45 的斜弯。

第一排上部纵筋有 5 根，则第 1、3、5 根一直伸到悬挑梁端部，第 2、4 根在端部附近下弯 45°的斜坡。

2）第二排上部纵筋伸到悬挑端长度的 0.75 处。

3）纯悬挑梁（XL）的上部纵筋在支座的锚固："伸至柱对边（柱纵筋内侧）且

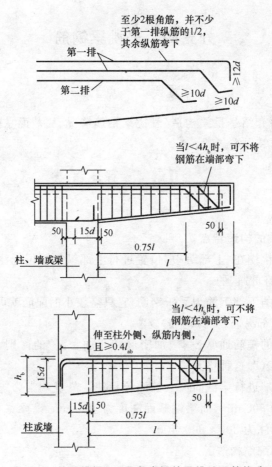

图 2-36　纯悬挑梁 XL 及各类梁的悬挑端配筋构造

$\geqslant 0.4 l_{ab}$"。

（2）悬挑梁下部纵筋的配筋构造。

1）纯悬挑梁和各类梁的悬挑端的下部纵筋在支座的锚固：梁下部肋形钢筋锚长为 $15d$。

2）框架梁第一跨的下部纵筋不可一直伸到悬挑端上去，因为这两种钢筋的作用截然不同。

框架梁第一跨的下部纵筋是受拉钢筋，它的配筋比较大；而悬挑端的下部钢筋是受压钢筋，它只需较小的配筋就可以了。

所以，框架梁第一跨的下部纵筋的做法是伸到边柱进行弯锚，悬挑端的下部钢筋则插入柱内直锚便可。

◆ **悬挑梁钢筋情况**

悬挑梁钢筋情况见表 2-27。

表 2-27　悬挑梁钢筋骨架表

上部钢筋	只有一排纵筋	伸至远端
		下弯
	第二排钢筋	伸至 $0.75l$
下部钢筋	锚固 $15d$	
箍筋	布置到支撑边梁处	

◆ **变截面悬挑梁箍筋概念**

悬挑梁距柱 50 mm 开始设置箍筋,一直到距梁端 50 mm$+b_1$ 处为止,如图 2-37 所示。

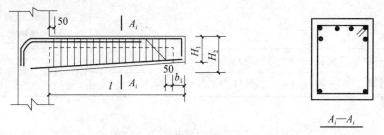

图 2-37　变截面悬挑梁箍筋示意图

当一个构件沿长度方向,截面尺寸发生变化时,处于不同截面的箍筋,高度尺寸是不一样的,如图 2-38 所示。再如构筑物钢筋混凝土烟囱和球面及回转面薄壳体,当沿回转轴线移动,并垂直回转轴截断时,可获得若干个大小不同的圆形截面。在工程中,遇到构件截面尺寸沿长度方向发生变化时,必须根据箍筋的间距和配置范围,逐个算出它们的加工尺寸和下料尺寸。

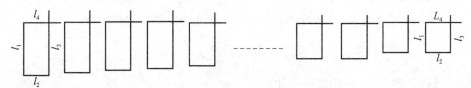

图 2-38　构件截面尺寸沿长度方向的变化

◆ **悬挑梁钢筋总结**

悬挑梁钢筋总结见表 2-28。

表 2-28　悬挑梁钢筋总结

悬挑梁钢筋总结				出　处
上部钢筋悬挑端	第一排	$l<4h_b$，全部伸至远端	伸至远端下弯 $15d$	11G101－1 图集第 89 页
		$l\geqslant4h_b$ 除角筋外，第一排总根数的 1/2 不伸至悬挑远端即下弯	按 45°角下弯后平伸至远端	
	第二排	伸至 $0.75l$ 位置		
下部钢筋	锚固 $15d$			
箍筋	长度	悬挑远端变截面时按平均高度计算		梁梁相交处，只有一边的梁上布置箍筋，此处按悬挑梁箍筋布置一边梁边。可参照 06G901－1 图集第 2－37 页次梁相交处的箍筋构造
	根数	与边梁垂直相交时，布置到边梁边		
纯悬挑梁锚固	弯锚	$h_c-c+15d$		09G901-2 图集第 2－10 页
	直锚	$\max(l_a,0.5h_c+5d)+5d$		

【相关知识】

◆　长悬挑梁

11G101－1 图集第 89 页在"悬挑端"的引注为："当 $l<4h_b$ 时，可不将钢筋在端部弯下"（即钢筋不下弯 45°的斜坡）。

其含义为：当为短悬挑梁时，不将钢筋在端部弯下（上式中：l 为挑出长度，h_b 为梁根部截面高度）。

当 $l<4h_b$ 时，就是"短悬挑梁"；而当 $l\geqslant4h_b$ 时，就是"长悬挑梁"了。

【实例分析】

【例 2-24】 悬挑梁箍筋的计算。

如何计算图 2-39 所示的第一个箍筋的位置，该箍筋位于距梁根部分 50 mm 的地方。

【解】（1）要了解变截面构件箍筋尺寸的变化规律，需把图 2-37 和图 2-39 结合起来看，箍筋尺寸有如下变化特点。

① 每个箍筋宽度都是一样的,只是高度不同。相邻两个箍筋的高度差,就是 ac 两点间的距离。即所有相邻两个箍筋的高度差大小都等于 ac。

② 从图 2-39 中可以看出,$\angle abc = \alpha$,因为 $\angle abc$ 是 α 的同位角。

③ 这样一来,$ab\tan\alpha$ 的值就是相邻两个箍筋的高度差。

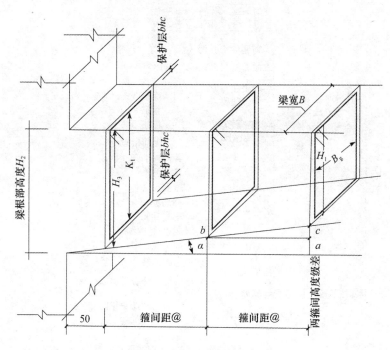

图 2-39 悬挑梁箍筋示意图

(2)计算步骤。

① 求角度:

$$\alpha = \arctan\frac{H_2 - H_1}{l}$$

② 求左起第一个箍筋所在截面的高度:$H_3 = H_2 - 50\tan\alpha$

③ 求左起第一个箍筋的高度:$K_1 = H_2 - 50\tan\alpha - 2bhc$

④ 求相邻两个箍筋的高度差:$ca = ab\tan\alpha$(ab 为箍筋间距)

⑤ 求箍筋的内皮宽度:$B_g = B - 2bhc$

⑥ 求箍筋数量: $$Gjsl = \frac{l - 100 - b_1}{ab} + 1$$

第三章　柱构件

本章知识体系

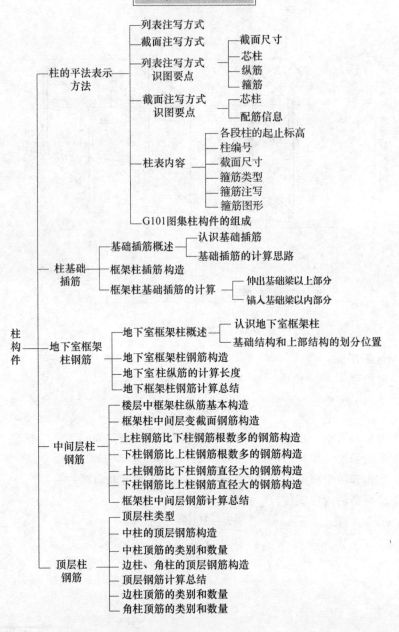

- 柱构件
  - 柱的平法表示方法
    - 列表注写方式
    - 截面注写方式
    - 列表注写方式识图要点
      - 截面尺寸
      - 芯柱
      - 纵筋
      - 箍筋
    - 截面注写方式识图要点
      - 芯柱
      - 配筋信息
    - 柱表内容
      - 各段柱的起止标高
      - 柱编号
      - 截面尺寸
      - 箍筋类型
      - 箍筋注写
      - 箍筋图形
    - G101图集柱构件的组成
  - 柱基础插筋
    - 基础插筋概述
      - 认识基础插筋
      - 基础插筋的计算思路
    - 框架柱插筋构造
    - 框架柱基础插筋的计算
      - 伸出基础梁以上部分
      - 锚入基础梁以内部分
  - 地下室框架柱钢筋
    - 地下室框架柱概述
      - 认识地下室框架柱
      - 基础结构和上部结构的划分位置
    - 地下室框架柱钢筋构造
    - 地下室柱纵筋的计算长度
    - 地下框架柱钢筋计算总结
  - 中间层柱钢筋
    - 楼层中框架柱纵筋基本构造
    - 框架柱中间层变截面钢筋构造
    - 上柱钢筋比下柱钢筋根数多的钢筋构造
    - 下柱钢筋比上柱钢筋根数多的钢筋构造
    - 上柱钢筋比下柱钢筋直径大的钢筋构造
    - 下柱钢筋比上柱钢筋直径大的钢筋构造
    - 框架柱中间层钢筋计算总结
  - 顶层柱钢筋
    - 顶层柱类型
    - 中柱的顶层钢筋构造
    - 中柱顶筋的类别和数量
    - 边柱、角柱的顶层钢筋构造
    - 顶层钢筋计算总结
    - 边柱顶筋的类别和数量
    - 角柱顶筋的类别和数量

◆ 知识树 1——柱的平法表示方法

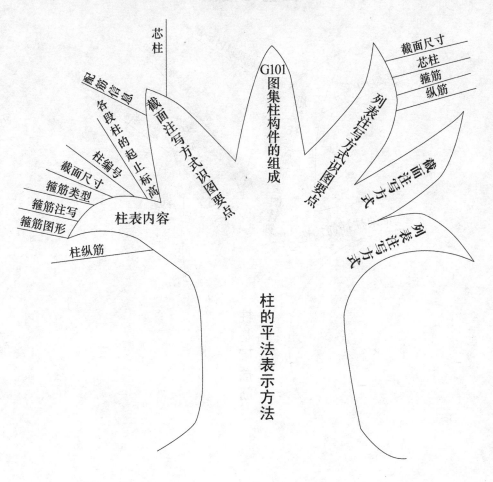

◆ 知识树 2——柱基础插筋

伸出基础梁以上部分

锚入基础梁以内部分

认识基础插筋

基础插筋的计算思路

框架柱基础插筋的计算

基础插筋概述

框架柱插筋构造

柱基础插筋

◆ 知识树 3——地下室框架柱钢筋

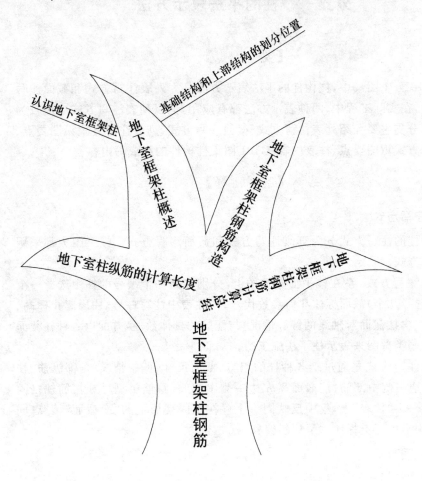

分支一　柱的平法表示方法

【要　　点】

11G101—1 图集中,柱构件的平法表示方法分为列表注写方式和截面注写方式两种,在实际工程中,两种表示方法都有应用,但以列表注写方式应用较为广泛。本分支主要介绍列表注写方式、截面注写方式、列表注写方式识图要点、截面注写方式识图要点、柱表内容、G101 图集柱构件的组成等内容。

【解　　释】

◆ **列表注写方式**

平法柱的注写方式分为列表注写方式和截面注写方式。施工图大都采用列表注写方式。

列表注写方式,系在柱平面布置图上,分别在同一个编号的柱中选择一个(有时要选择几个)截面标注几何参数代号,在柱表中注写柱号、柱段起止标高、几何尺寸(含柱截面对轴线的偏心情况)与配筋的具体数值,并配以各种柱截面形状及配筋类型图来表示柱平法施工图。

列表注写方式是通过把各种柱的编号、截面尺寸、偏中情况、角部纵筋、柱截面宽 b 边一侧中部筋、柱截面高 h 边一侧中部筋、箍筋类型号和箍筋规格间距注写在一个"柱表"上,集中反映同一个柱在不同楼层上的"变截面"情况;同时,在结构平面图上标注每个柱的编号。

◆ **截面注写方式**

柱构件截面注写方式,系在分标准层绘制的柱平面布置图的柱截面上,分别从同一编号的柱中选择一个截面,以直接注写截面尺寸和配筋具体数值来表示柱平法施工图。

柱截面注写方式表示方法与识图如图 3-1 所示。

柱截面注写方式的识图,从柱平面图和层高标高表两个方面对照阅读。

◆ **列表注写方式识图要点**

1. 截面尺寸

如图 3-2 所示,矩形截面尺寸用 $b \times h$ 表示,其中 $b = b_1 + b_2$,$h = h_1 + h_2$,圆形柱截面尺寸由"D"打头注写圆形柱直径,仍用 b_1、b_2、h_1、h_2 表示圆形柱与轴线的位置关系。

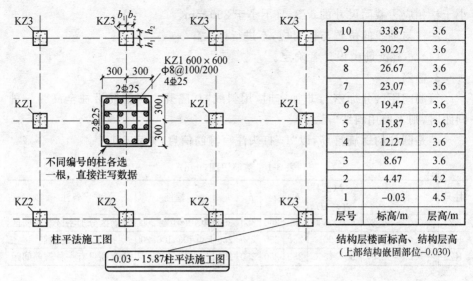

10	33.87	3.6
9	30.27	3.6
8	26.67	3.6
7	23.07	3.6
6	19.47	3.6
5	15.87	3.6
4	12.27	3.6
3	8.67	3.6
2	4.47	4.2
1	-0.03	4.5
层号	标高/m	层高/m

结构层楼面标高、结构层高
（上部结构嵌固部位-0.030）

图3-1　柱截面注写方式表示方法与识图

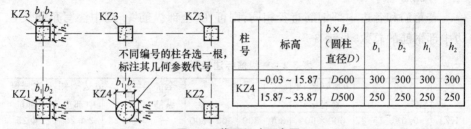

柱号	标高	$b \times h$（圆柱直径D）	b_1	b_2	h_1	h_2
KZ4	-0.03 ~ 15.87	D600	300	300	300	300
	15.87 ~ 33.87	D500	250	250	250	250

图3-2　截面尺寸示意图

2.芯柱

（1）首先，若某柱带有芯柱，则在柱平面图引出注写芯柱编号。

（2）其次，芯柱的起止标高按设计标注。

芯柱识图如图3-3所示。

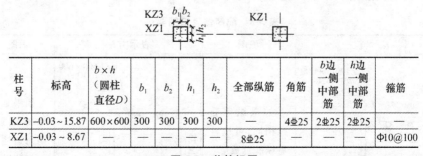

柱号	标高	$b \times h$（圆柱直径D）	b_1	b_2	h_1	h_2	全部纵筋	角筋	b边一侧中部筋	h边一侧中部筋	箍筋
KZ3	-0.03 ~ 15.87	600×600	300	300	300	300	—	4Φ25	2Φ25	2Φ25	—
XZ1	-0.03 ~ 8.67	—	—	—	—	—	8Φ25	—	—	—	Φ10@100

图3-3　芯柱识图

（3）芯柱截面尺寸与轴线的位置关系。

芯柱截面尺寸无需标注，11G101—1图集第67页描述了芯的截面尺寸不小于柱相应边截面尺寸的 1/3,且不小于 250 mm。

芯柱与轴线的位置与柱对应,不进行标注。

(4)芯柱配筋由设计者确定。

3.箍筋

箍筋间距区分加密与非加密时,用斜线"/"隔开。当箍筋沿柱全高为一种间距时,则不使用斜线"/"。

若是圆柱的螺旋箍筋,以"L"打头注写箍筋信息,见表 3-1。

表 3-1 箍筋识图(mm)

柱号	标高	$b \times h$(圆柱 直径 d)	b_1	b_2	h_1	h_2	箍筋	备注
KZ1	−0.03~15.87	600×600	300	300	300	300	Φ10@100/200	箍筋区分加密区非加密区
KZ2	−0.03~15.87	d500	250	250	250	250	LΦ10@100/200	采用螺旋箍筋
KZ3	−0.03~15.87	500×500	250	250	250	250	Φ10@200	柱全高只有一种箍筋间距

4.纵筋

若角筋和各边中部钢筋直径相同,则可在"全部纵筋"一列中注写角筋及各边中部钢筋的总数,见表 3-2。

表 3-2 柱纵筋标注识图(mm)

柱号	标高	$b \times h$(圆柱 直径 d)	b_1	b_2	h_1	h_2	全部 纵筋	角筋	b 边一侧 中部筋	h 边一侧 中部筋
KZ1	−0.03~15.87	600×600	300	300	300	300	—	4Φ25	2Φ25	2Φ25
KZ2	−0.03~15.87	500×500	250	250	250	250	8Φ25	—	—	—

◆ **截面注写方式识图要点**

1.配筋信息

配筋信息的识图要点见表 3-3。

表 3-3 配筋信息识图要点

表示方法	识图	表示方法	识图
 KZ1 600×600 Φ8@100/200 12Φ25	如果纵筋直径相同,可以注写纵筋总数	 KZ1 600×600 Φ8@100/200 4Φ25 2Φ25 2Φ25 2Φ20 2Φ20	如果是非对称配筋,则每边注写实际的纵筋

续表

表示方法	识图	表示方法	识图
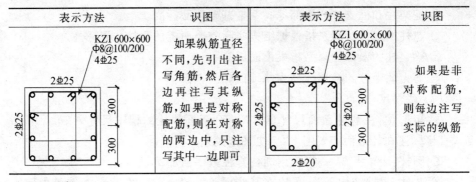	如果纵筋直径不同,先引出注写角筋,然后各边再注写其纵筋,如果是对称配筋,则在对称的两边中,只注写其中一边即可		如果是非对称配筋,则每边注写实际的纵筋

2.芯柱

截面注写方式中,若某柱带有芯柱,则直接注写在截面中,注写芯柱编号和起止标高,如图 3-4 所示。芯柱的构造尺寸按 11G101—1 图集第 67 页的说明。

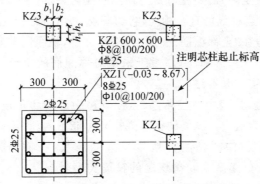

图 3-4 截面注写方式的芯柱表示方法

◆ 柱表内容

柱表所包括的内容如下。

(1)柱编号:由类型、代号和序号组成,见表 3-4。

表 3-4 柱编号

柱类型	代号	序号
框架柱	KZ	××
框支柱	KZZ	××
芯柱	XZ	××
梁上柱	LZ	××
剪力墙上柱	QZ	××

注:编号时,当柱的总高、分段截面尺寸和配筋均对应相同;仅截面与轴线的关系不同时,仍可将其编为同一柱号,但应在图中注明截面与轴线的关系。

(2)各段柱的起止标高:自柱根部位往上以变截面位置或截面未变但配筋

改变处为分界,分段注写。

① 框架柱和框支柱的根部标高系指基础顶面标高。

② 芯柱的根部标高系指根据结构实际需要而定的起始位置标高。

③ 梁上柱的根部标高系指梁顶面标高。

④ 剪力墙上柱的根部标高为墙顶面标高。

(3) 截面尺寸。

① 矩形柱:注写柱截面尺寸$(b×h)$(至于框架柱的偏中尺寸 b_1、b_2 和 h_1、h_2,直接标注在柱平面布置图上,会更加清楚)。

② 圆柱:表中 $b×h$ 一栏改用圆柱直径数字前加 d 表示。

③ 芯柱:根据结构需要,可以在某些框架柱的一定高度范围内,在其内部的中心位置设置(分别引注其柱编号)。芯柱截面尺寸按构造确定,并按标准构造详图施工,设计不注);当设计者采用与本构造详图不同的做法时,应另行注明。芯柱定位随框架柱走,不需要注写其与轴线的几何关系。

(4) 柱纵筋。当柱纵筋直径相同,各边根数也相同时(包括矩形柱、圆柱和芯柱),将纵筋注写在"全部纵筋"一列中,除此之外,柱纵筋分角筋、截面 b 边中部筋和 h 边中部筋三项分别注写(对于采用对称配筋的矩形截面柱,可仅注写一侧中部筋,对称边省略不注)。

值得注意的是,柱表中对柱角筋、截面 b 边中部筋和 h 边中部筋三项分别注写是必要的,因为这三种纵筋的钢筋规格有可能不同。

(5) 箍筋类型。注写箍筋类型号及箍筋肢数,在箍筋类型栏内注写按11G101—1 图集中的第 2.2.3 条规定的箍筋类型号与肢数。常见箍筋类型号所对应的箍筋形状见图 3-5。

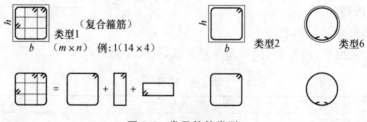

图 3-5　常见箍筋类型

(6) 箍筋注写。包括钢筋级别、直径与间距。当为抗震设计时,用斜线"/"区分柱端箍筋加密区与柱身非加密区长度范围内箍筋的不同间距。施工人员根据标准构造详图的规定,在规定的几种长度值中取其最大者作为加密区长度。

当框架节点核芯区内箍筋与柱端箍筋设置不同时,应在括号中注明核芯区箍筋的直径及间距。

当箍筋沿柱全高为一种间距时,则不使用斜线"/"。当圆柱采用螺旋箍筋时,需在箍筋前加"L"。

(7) 箍筋图形。具体工程所涉及的各种箍筋类型图以及箍筋复合的具体方式,须画在表的上部或图中的适当位置,并在其上标注与表中对应的 b、h 和类型号。

当为抗震设计时,确定箍筋肢数时要满足对柱纵筋至少"隔一拉一"以及箍筋肢距的要求。

◆ G101 **图集柱构件的组成**

(1) G101 图集柱构件的组成。平法图集的两大学习方法为系统梳理、前后对照。

系统梳理是指对 G101 平法图集中对有关柱构件的内容进行有条理的整理,以便理解和记忆,G101 柱构件的组成见表 3-5。

表 3-5　G101 柱构件的组成

制图规则	11G101—1图集第8—12页	柱的分类	框架柱 KZ	
			框支柱 KZZ	
			墙上柱 QZ	
			梁上柱 LZ	
			芯柱	
		柱的平法表示方法	列式式	
			截面式	
		柱的数据项		
		数据项的标注方法		
构造详图	基础以上部分	11G101—1图集第56—67页	抗震框架柱	纵筋	第 57—60 页
			箍筋	第 61—42 页
			非抗震框架柱	纵筋	第 63—65 页
			箍筋	第 66 页
			抗震梁上柱、墙上柱	纵筋	第 61 页
			箍筋	第 56 页
			非抗震梁上柱、墙上柱	第 66 页
			芯柱	第 67 页
			柱构件复合箍筋的组合方式	第 67 页
	基础插筋	筏形基础	11G101—3 图集第 58、59 页	
		独基、条基等基础	11G101—3 图集第 58、59 页	

（2）G101 图集关于柱构件的内容分布见表 3-6。

表 3-6   G101 柱构件的内容分布

柱构件	纵筋	基础插筋	11G101—3 图集
		地下室钢筋	钢筋混凝土结构平法设计与施工规则
		中层及顶层钢筋	11G101—1 图集
	箍筋	基础内箍筋	11G101—3 图集
		地下室箍筋	钢筋混凝土结构平法设计与施工规则
		地上楼层箍筋	11G101—1 图集

【相关知识】

◆ 列表注写方式与截面注写方式的区别

列表注写方式与截面注写方式的区别见表 3-7。从表 3-7 中可以看出，截面注写方式不再单独注写箍筋类型图和柱列表，而是直接在柱平面图上的截面注写，包括列表注写中箍筋类型图及柱列表的内容。

表 3-7   列表注写方式与截面注写方式的区别

项目	列表注写方式	截面注写方式	项目	列表注写方式	截面注写方式
1	柱平面图	柱平面图＋截面注写	3	箍筋类型图	
2	层高与标高表	层高与标高表	4	柱列表	—

◆ "层号"的概念

11G101—1 图集总则第 1.0.8 条规定：按平法设计绘制结构施工图时，应当用表格或其他方式注明包括地下和地上各层的结构层楼（地）面标高、结构层高及相应的结构层号。

一般，在工程"柱平法施工图"旁边有一个"结构层楼面标高、结构层高"的垂直分布图。在图中，左边一列注写的是"层号"，中间一列注写的是"标高"，右边一列注写的是"层高"，标高和层高都以"m"为单位。

11G101—1 图集总则第 1.0.8 条后面的"注"中指出：结构楼层号应与建筑楼层号对应一致。

【实例分析】

【例 3-1】 箍筋的注写格式及其含义。

（1）φ10@100/250 表示箍筋为 HPB300 级钢筋，直径 10 mm，加密区间距为 100 mm，非加密区间距为 250 mm。

当箍筋沿柱全高为一种间距时,则不用"/"线。

(2)Φ10@100 表示箍筋为 HPB300 级钢筋,直径 10 mm,间距为 100 mm,沿柱全高加密。

当圆柱采用螺旋箍筋时,需要在箍筋前加"L"。

(3)LΦ10@100/200 表示采用螺旋箍筋,HPB300 级钢筋,直径 10 mm,加密区间距为 100 mm,非加密区间距为 200 mm。

分支二　柱基础插筋

【要　　点】

本分支主要介绍基础插筋概述、框架柱插筋构造、框架柱基础插筋的计算等内容。

【解　　释】

◆ 基础插筋概述

1.认识基础插筋

柱插到基础中的预留接头的钢筋称为插筋。在浇筑基础混凝土前,应将柱插筋留好,等浇筑完基础混凝土后,从插筋往上进行连接,依此类推,逐层向上连接。

2.基础插筋的计算思路

基础插筋由两大段组成,一段是入基础的部分,另一段是伸出基础的部分,要分别考虑这两大段的计算方法和影响因素。基础插筋的计算思路如表 3-8 所示。

表 3-8　基础插筋的计算思路

计算项目		影响因素	
纵筋	基础内长度	基础类型	筏基基础梁
			筏基基础板
			独基
			条基
			大直径灌注桩
		基础深度	
	伸出基础高度	$H_n/3$	
箍筋		基础类型	

◆ 框架柱插筋构造

现已发布 11G101－3 图集(独立基础、条形基础、筏形基础及桩基承台),框架柱插筋的构造故应符合 11G101－3 图集的规定。

11G101－3 图集第 59 页"柱插筋在基础中的锚固"如图 3-6 所示。

(1)图中 h_j 为基础底面至基础顶面的高度。对于带基础梁的基础为基础梁顶面至基础梁底面的高度。当柱两侧基础梁标高不同时取较低标高。

(2)锚固区横向箍筋应满足直径≥$d/4$(d 为插筋最大直径),间距≤$10d$(d 为插筋最小直径)且≤100 mm 的要求。

(3)当插筋部分保护层厚度不一致时(如部分位于板中部分位于梁内),保护层厚度小于 $5d$ 的部位应设置锚固区横向箍筋。

(4)当柱为轴心受压或小偏心受压,独立基础、条形基础高度不小于1200 mm时,或当柱为大偏心受压,独立基础、条形基础高度不小于 1400 mm时,可仅将柱四角插筋伸至底板钢筋网上(伸至底板钢筋网上的柱插筋之间间距不应大于 1000 mm),其他钢筋满足锚固长度 $l_{aE}(l_a)$ 即可。

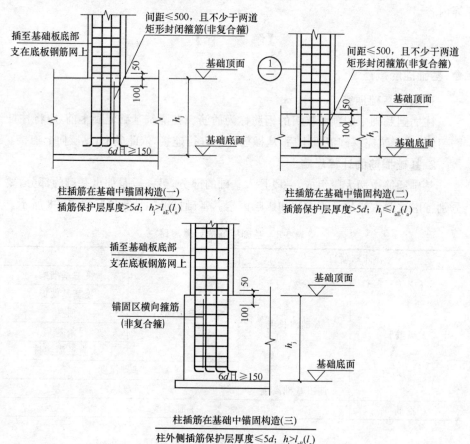

图 3-6　柱插筋在基础中的锚固

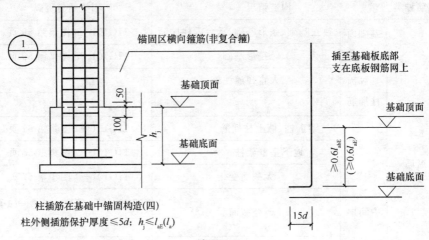

锚固区横向箍筋(非复合箍)

基础顶面

基础底面

插至基础板底部
支在底板钢筋网上

基础顶面

基础底面

柱插筋在基础中锚固构造(四)
柱外侧插筋保护厚度≤5d；$h_j \leqslant l_{aE}(l_a)$

续图 3-6

◆ **框架柱基础插筋的计算**

以"筏形基础"为例,来说明在"基础"层上应考虑的问题。框架柱的基础插筋由以下两部分组成。

(1)伸出基础梁顶面以上部分:框架柱伸出基础梁顶面以上部分的长度为 $H_n/3$,即紧挨基础那一楼层的"柱净高的 1/3"。如果有地下室,该楼层指的是地下室;如果没有地下室,该楼层指的是"一层"。

(2)锚入基础梁以内的部分:框架柱的基础插筋应"坐底",即框架柱基础插筋的直钩应踩在基础主梁下部纵筋的上面。

根据 11G101—3 图集的基本规定,筏形基础有上下两层钢筋网,基础主梁下部纵筋应压住筏板下层钢筋网的底部纵筋。故框架柱基础插筋直钩的下面包括基础主梁的下部纵筋、筏板下层钢筋网的底部纵筋、筏板的保护层。由此得到框架柱插入基础梁以内部分的长度计算公式为:

框架柱插入基础梁以内部分长度＝基础梁截面高度－基础梁下部纵筋直径－
筏板底部纵筋直径－筏板保护层

【相关知识】

◆ **柱插筋底部弯折长度**

在 11G101—1 图集、11G101—3 图集中都有提到框架柱构件的钢筋构造,表 3-9 中的内容是按构件的组成、钢筋的组成的思路总结出来的。

表 3-9　框架柱构件钢筋种类

钢筋种类	构造情况		相关图集页码
纵筋	基础内柱插筋	独立基础、条形基础、承台内柱插筋	11G101—3 图集第 59 页
		筏形基础	11G101—3 图集第 59 页
	基础内柱插筋	大直径灌注桩	—
		芯柱	
	梁上柱、墙上柱插筋		11G101—1 图集第 61 页
	地下室框架柱		11G101—1 图集第 58 页
	中间层	无截面变化	11G101—1 图集第 57 页
		变截面	06G901—1 第 2—18、2—19 页 11G101—1 图集第 60 页
		变钢筋	11G101—1 图集第 60 页
	顶层	边柱、角柱	11G101—1 图集第 59 页
		中柱	11G101—1 图集第 60 页
箍筋	箍筋		11G101—1 图集第 61、62、67 页

【实例分析】

【例 3-2】 计算 KZ1 的基础插筋。KZ1 的截面尺寸为 750 mm×700 mm，柱纵筋为 22 ⊈ 22，混凝土强度等级 C30，二级抗震等级。

假设该建筑物具有层高为 4.10 m 的地下室。地下室下面是"正筏板"基础（即"低板位"的有梁式筏形基础，基础梁底和基础板底一平）。地下室顶板的框架梁仍然采用 KL1（300 mm×700 mm）。基础主梁的截面尺寸为 700 mm×800 mm，下部纵筋为 8 ⊈ 22。筏板的厚度为 500 mm，筏板的纵向钢筋都是 Φ18@200（图 3-7）。

计算框架柱基础插筋伸出基础梁顶面以上的长度、框架柱基础插筋的直锚长度及框架柱基础插筋的总长度。

【解】（1）计算框架柱基础插筋伸出基础梁顶面以上的长度。

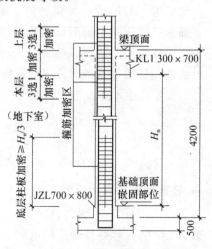

图 3-7　例 3-2 题图

已知:地下室层高＝4100 mm,地下室顶框架梁高＝700 mm,

　　基础主梁高＝800 mm,筏板厚度＝500 mm,所以

　　地下室框架柱净高 H_n＝4100－700－(800－500)＝3100(mm)

　　框架柱基础插筋(短筋)伸出长度＝H_n/3＝3100/3＝1033(mm),则

　　框架柱基础插筋(长筋)伸出长度＝1033＋35×22＝1803(mm)

(2)计算框架柱基础插筋的直锚长度。

已知:基础主梁高度＝800 mm,基础主梁下部纵筋直径＝22 mm,

　　筏板下层纵筋直径＝16 mm,基础保护层＝40 mm,所以

　　框架柱基础插筋直锚长度＝800－22－16－40＝722(mm)

(3)框架柱基础插筋的总长度。

　　框架柱基础插筋的垂直段长度(短筋)＝1033＋722＝1755(mm)

　　框架柱基础插筋的垂直段长度(长筋)＝1803＋722＝2525(mm)

$$l_{aE}＝34d＝34×22＝748(mm)$$

现在的直锚长度＝722＜l_{aE},所以

　　框架柱基础插筋的弯钩长度＝15d＝15×22＝330(mm)

　　框架柱基础插筋(短筋)的总长度＝1755＋330＝2085(mm)

　　框架柱基础插筋(长筋)的总长度＝2525＋330＝2855(mm)

【例 3-3】　计算 KZ1 的基础插筋。KZ1 的柱纵筋为 22 Φ 22,混凝土强度等级 C30,二级抗震等级。

假设该建筑物"一层"的层高为
4.1 m(从±0.000 算起)。"一层"的框
架梁采用 KL1(300 mm×700 mm)。
"一层"框架柱的下面是独立柱基,独
立柱基的总高度为 1000 mm,即"柱基
平台"到基础板底的高度为 1000 mm。
独立柱基的底面标高为－1.800,独立
柱基下部的基础板厚度为 500 mm,独
立柱基底部的纵向钢筋都是 Φ18@250
(图 3-8)。

计算框架柱基础插筋伸出基础梁

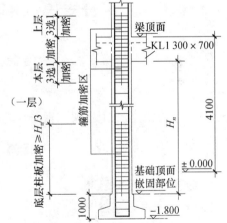

图 3-8　例 3-3 题图

顶面以上的长度、框架柱基础插筋的直锚长度及框架柱基础插筋的总长度。

【解】　(1)计算框架柱基础插筋伸出基础梁顶面以上的长度。

已知:从±0.000 到一层板顶的高度为 4100 mm,独立柱基的底面标高为

　　－1.800,"柱基平台"到基础板底的高度为 1000 mm,则

　　"柱基平台"到一层板顶的高度 ＝ 4100＋1800－1000 ＝ 4900(mm)

因为一层的框架梁高为 700 mm,所以

        一层的框架柱净高＝4900－700＝4200（mm）

      框架柱基础插筋(短筋)伸出长度＝4200/3＝1400（mm）

    框架柱基础插筋(长筋)伸出长度＝1400＋35×22＝2170（mm）

（2）计算框架柱基础插筋的直锚长度。

已知："柱基平台"到基础板底的高度为 1000 mm，

    独立柱基底部的纵向钢筋直径＝18 mm，

    基础保护层厚度＝40 mm，所以

    框架柱基础插筋直锚长度 ＝ 1000－18－40 ＝ 942（mm）

（3）计算框架柱基础插筋的总长度。

框架柱基础插筋(短筋)的垂直段长度＝1400＋942＝2342(mm)，

框架柱基础插筋(长筋)的垂直段长度＝2170＋942＝3112(mm)，

因为，$l_{aE}＝34d＝34×22＝748$(mm)，而现在的直锚长度＝942 mm$>l_{aE}$，所以

    框架柱基础插筋的弯钩长度 ＝ 12d ＝ 12×22 ＝ 264(mm)

    框架柱基础插筋(短筋)的总长度 ＝ 2342＋264 ＝ 2606(mm)

    框架柱基础插筋(长筋)的总长度 ＝ 3112＋264 ＝ 3376(mm)

分支三　地下室框架柱钢筋

【要　点】

本分支主要介绍地下室框架柱概述、地下室框架柱钢筋构造、地下室柱纵筋的计算长度及地下框架柱钢筋计算总结等内容。

【解　释】

◆ 地下室框架柱概述

1.地下室框架柱

地下室框架柱是指地下室内的框架柱，它和楼层框架柱在钢筋构造上有差异。地下室框架柱如图 3-9 所示。

2.基础结构和上部结构的划分位置

11G101—1 图集第 57 页中的"嵌固部位"是指基础结构和上部结构的划分位置，见图 3-10。

11G101—3 图集规定：有地下室时，基础结构和上部结构的划分位置由设计人员注明。

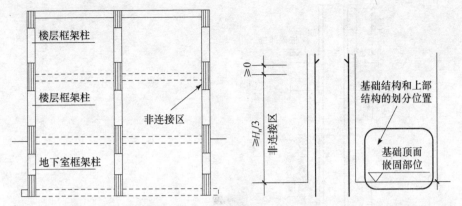

图 3-9　地下室框架柱示意图　　　图 3-10　基础结构和上部结构的划分位置

◆ 地下室框架柱钢筋构造

地下室抗震 KZ 的纵向钢筋连接构造见图 3-11。

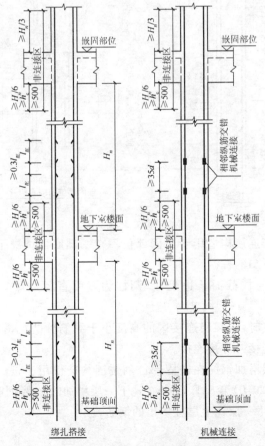

图 3-11　地下室抗震 KZ 的纵向钢筋连接构造

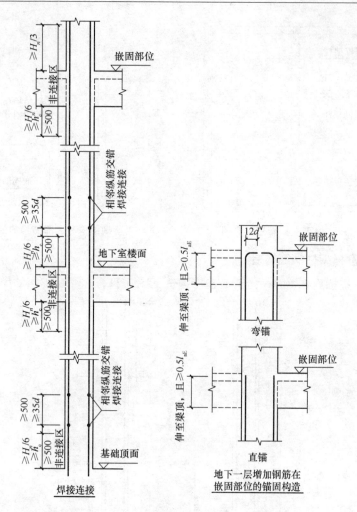

续图 3-11

(1)图中钢筋连接构造用于嵌固部位不在基础底面情况下地下室部分(基础底面至嵌固部位)的柱。

(2)图中 h_c 为柱截面长边尺寸(圆柱为截面直径),H_n 为所在楼层的柱净高。

(3)绑扎搭接时,当某层连接区的高度小于纵筋分两批搭接所需的高度时,应改用机械连接或焊接连接。

(4)地下一层增加钢筋在嵌固部位的锚固构造仅用于按《建筑抗震设计规范》(GB 50011—2010)第 6.1.14 条在地下一层增加的 10% 钢筋。由设计指定,未指定时表示地下一层比上层柱多出的钢筋。

◆ **地下室柱纵筋的计算长度**

地下室柱纵筋的计算长度：下端与伸出基础（梁）顶面的柱插筋相接，上端伸出地下室顶板以上一个"三选一"的长度，即 $\max(H_n/6, h_c, 500)$。

这样，"地下室柱纵筋"的长度包含以下两个组成部分。

（1）地下室顶板以下部分的长度：

$$柱净高\ H_n ＋ 地下室顶板的框架梁截面高度 － H_n/3$$

式中　H_n——地下室的柱净高；

$H_n/3$——框架柱基础插筋伸出基础梁顶面以上的长度。

（2）地下室板顶以上部分的长度：

$$\max(H_n/6, h_c, 500)$$

式中　H_n——地下室以上的那个楼层（例如"一层"）的柱净高；

h_c——地下室以上的那个楼层（例如"一层"）的柱截面长边尺寸。

地下室柱纵筋可采用统一的长度。这个长度同基础插筋伸出基础梁顶面的"长短筋"相接，伸到地下室顶板上时，柱纵筋继续形成"长短筋"的两种长度。

◆ **地下框架柱钢筋计算总结**

地下框架柱钢筋计算总结见表 3-10。

表 3-10　地下框架柱钢筋计算总结

地下框架柱钢筋计算总结			出处
普通柱	纵筋	下部非连接区 $H_n/3$	11G101—1 图集第 58 页
		上部非连接区 $\max(H_n/6, h_c, 500)$	
	箍筋加密区	同纵筋非连接区	11G101—5 图集第 58 页
短柱	纵筋	下部非连接区 $\max(H_n/6, h_c, 500)$	11G101—1 图集第 58 页
		上部非连接区 h_c	
	箍筋加密区	全高加密	11G101—1 图集第 62 页

【相关知识】

◆ **框架柱构件的非连接区高度**

地震作用下的框架柱弯矩分布示意图见图 3-12。

由图 3-12 可见，框架柱弯矩的反弯点常在每层柱的中部，弯矩反弯点附近的内力比较小，在此范围内进行连接应遵循"受力钢筋连接应在内力较小处"这一原则，因此，规定抗震框架柱梁节点附近作为柱纵向受力钢筋的非连接区。非连接区示意图如图 3-13 所示。

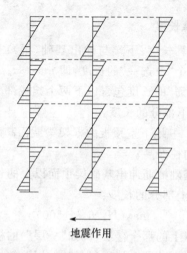

地震作用

图 3-12　抗震框架柱弯矩分布示意图

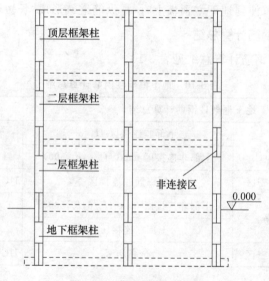

顶层框架柱

二层框架柱

一层框架柱

非连接区

0.000

地下框架柱

图 3-13　非连接区示意图

【实例分析】

【例 3-4】　地下室层高为 4.10 m,地下室下面是"正筏板"基础,基础主梁的截面尺寸为 700 mm×900 mm,下部纵筋为 8 ⾦ 22。筏板的厚度为 500 mm,筏板的纵向钢筋都是 Φ18@200。

地下室的抗震框架柱 KZ1 的截面尺寸为 750 mm×700 mm,柱纵筋为 22 ⾦ 22,混凝土强度等级 C30,二级抗震等级。地下室顶板的框架梁截面尺寸为 300 mm×

700 mm。地下室上一层的层高为 4.10 m,地下室上一层的框架梁截面尺寸为
300 mm×700 mm。

求该地下室的框架柱纵筋尺寸。

【解】 分别计算地下室柱纵筋的两部分长度。

(1)地下室顶板以下部分的长度 H_1。

地下室的柱净高 $H_n = 4100 - 700 - (900 - 500) = 3000(\text{mm})$

所以 $H_1 = H_n + 700 - H_n/3 = 3000 + 700 - 1000 = 2700(\text{mm})$

(2)地下室板顶以上部分的长度 H_2。

上一层楼的柱净高 $H_n = 3600 - 700 = 2900(\text{mm})$

所以 $H_2 = \max(H_n/6, h_c, 500) = \max(2900/6, 750, 500) = 750(\text{mm})$

(3)地下室柱纵筋的长度。

地下室柱纵筋的长度 $= H_1 + H_2 = 2700 + 750 = 3450(\text{mm})$

分支四　中间层柱钢筋

【要　　点】

本分支主要介绍楼层中框架柱纵筋基本构造、框架柱中间层变截面钢筋构
造、上柱钢筋比下柱钢筋根数多的钢筋构造、下柱钢筋比上柱钢筋根数多的钢
筋构造、上柱钢筋比下柱钢筋直径大的钢筋构造、下柱钢筋比上柱钢筋直径大
的钢筋构造及框架柱中间层钢筋计算总结等内容。

【解　　释】

◆ 楼层中框架柱纵筋基本构造

楼层中框架柱纵筋基本构造见表 3-11。

表 3-11　楼层中框架柱纵筋基本构造

钢筋构造要点:
低位钢筋长度＝本层层高－本层下端非连接区高度＋伸入上层的非连接区高度
高位钢筋长度＝本层层高－本层下端非连接区高度－错开接头高度＋伸入上层非连接区高度＋错开接头高度
非连接区高度取值:
楼层中:$\max(H_n/6, h_c, 500)$
基础顶面嵌固部位:$h_n/3$

钢筋构造要点：

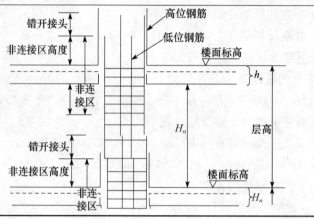

◆ 框架柱中间层变截面钢筋构造

1.框架柱中间层变截面钢筋构造(一)(06G901—1 图集第 2—19 页)

框架柱中间层变截面($c/h_b > 1/6$)钢筋构造见表 3-12。

表 3-12　框架柱中间层变截面(一)($c/h_b > 1/6$)钢筋构造

平法施工图: ($c/h_b > 1/6$)				
层号	顶标高	层高	顶梁高	
4	15.87	3.6	500	KZ1 750×750 Φ8@100/200 4Φ25
3	12.27	3.6	500	
2	8.67	4.2	500	
1	4.47	4.5	800	
基础	−0.97	基础厚 800	—	

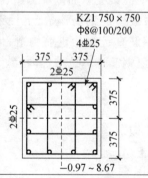

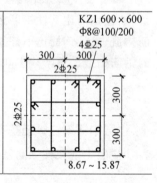

钢筋构造要点：

(1)$c/h_b(125/600) > 1/6$,因此下层柱纵筋断开收头,上层柱纵筋伸入下层。

(2)下层柱纵筋伸至该层顶+12d。

(3)上层柱纵筋伸入下层 1.5l_{aE}(l_a)

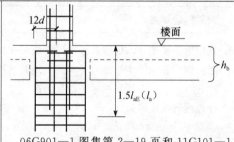

06G901—1 图集第 2—19 页和 11G101—1
图集第 60 页略有不同

2.框架柱中间层变截面钢筋构造(二)(06G901—1 第 2—19 页)

框架柱中间层变截面($c/h_b \leqslant 1/6$)钢筋构造见表 3-13。

表 3-13　框架柱中间层变截面(二)($c/h_b \leqslant 1/6$)钢筋构造

平法施工图：($c/h_b \leqslant 1/6$)			
层号	顶标高	层高	顶梁高
4	15.87	3.6	500
3	12.27	3.6	500
2	8.67	4.2	500
1	4.47	4.5	500
基础	−0.97	基础厚 800	

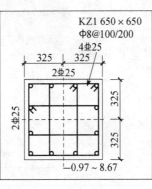

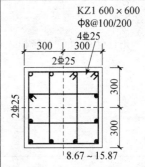

钢筋构造要点：

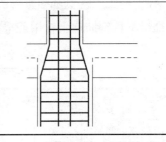

$c/h_b(50/500) \leqslant 1/6$,因此下层柱纵筋斜弯连续伸入上层,不断开

◆ **上柱钢筋比下柱钢筋根数多的钢筋构造**

如果上柱钢筋比下柱钢筋根数多,其钢筋构造见表 3-14。

表 3-14　上柱钢筋比下柱钢筋根数多的钢筋构造

平法施工图：			
层号	顶标高	层高	顶梁高
4	15.87	3.6	500
3	12.27	3.6	500
2	8.67	4.2	500
1	4.47	4.5	500
基础	−0.97	基础厚 800	—

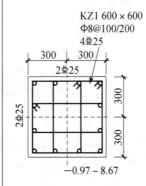

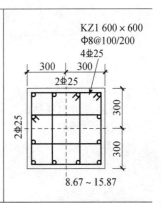

钢筋构造要点：	
上层柱多出的钢筋伸入下层 $1.2l_{aE}$（l_a）（注意起算位置）	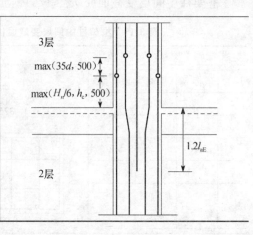

◆ **下柱钢筋比上柱钢筋根数多的钢筋构造**

如果下柱钢筋比上柱钢筋根数多，其钢筋构造见表 3-15。

表 3-15 下柱钢筋比上柱钢筋根数多的钢筋构造

平法施工图：

层号	顶标高	层高	顶梁高		
4	15.87	3.6	500		
3	12.27	3.6	500		
2	8.67	4.2	500	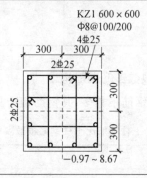	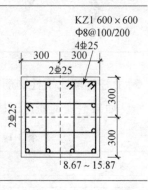
1	4.47	4.5	500		
基础	−0.97	基础厚 800	—		

钢筋构造要点：

下层多出的钢筋伸入上层 $1.2l_{aE}$（l_a）（注意起算位置）	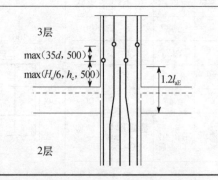

◆ **上柱钢筋比下柱钢筋直径大的钢筋构造**

如果上柱钢筋比下柱钢筋直径大，其钢筋构造见表 3-16。

表 3-16　上柱钢筋比下柱钢筋直径大的钢筋构造

平法施工图：

层号	顶标高	层高	顶梁高
4	15.87	3.6	500
3	12.27	3.6	500
2	8.67	4.2	500
1	4.47	4.5	500
基础	−0.97	基础厚 800	—

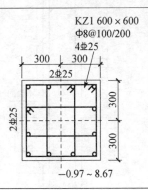

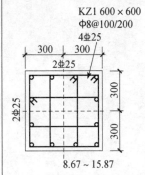

钢筋构造要点：

上层较大直径钢筋伸入下层的上端非连接区与下层较小直径的钢筋连接

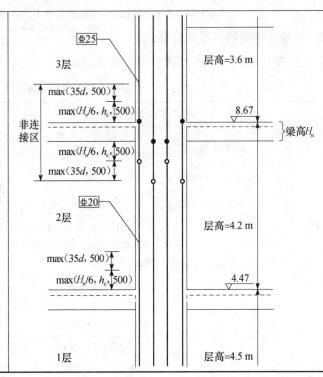

◆ **下柱钢筋比上柱钢筋直径大的钢筋构造**

11G101－1 图集增加了下柱钢筋直径比上柱钢筋大的节点构造的内容，如

图 3-14 所示。当两种不同直径的钢筋绑扎搭接时,遵循"按小不按大"的原则,即其搭接长度按小直径的相应倍数。

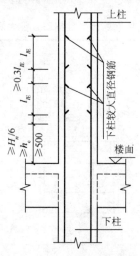

图 3-14　下柱钢筋比上柱钢筋直径大的钢筋构造

◆ **框架柱中间层钢筋计算总结**

框架柱中间层钢筋计算总结见表 3-17。

表 3-17　框架柱中间层钢筋计算总结

中间层柱钢筋计算总结				出处
普通柱	纵筋	基本计算公式	本层层高－本层非连接区高度＋伸入上层非连接区高度	11G101—1 图集 第 57 页
		上柱比下柱钢筋多	多出的钢筋伸入下层 $1.2l_{aE}$	
		下柱比上柱钢筋多	多出的钢筋伸入上层 $1.2l_{aE}$	
		上柱比下柱钢筋直径大	上柱大直径的钢筋伸入下层,在下层的上部非连接区以下位置连接	
			下柱小直径钢筋由下层直接伸到本层上部,与上层伸下来的大直径的钢筋连接	
		下柱比上柱钢筋直径大	当两种不同直径的钢筋绑扎搭接时,按小不按大,其搭接长度按小直径的相应倍数	
	箍筋	上部加密区高度	上部非连接区高度＋顶梁板高	11G101—1 图集 第 61、62 页
		下部加密区高度	下部非连接区高度	

中间层柱钢筋计算总结			出处
短柱	纵筋	下部非连接区高度 $\max(H_n/3, h_c)$	—
		上部非连接区高度 h_c	
	箍筋	全高加密 —	11G101—1 图集第 62 页

【相关知识】

◆ 11G101—1 嵌固部位图示

11G101—1 第 57 页，如图 3-15 所示，描述了柱纵筋在嵌固部位的非连接区高度及其错开连接的要求。

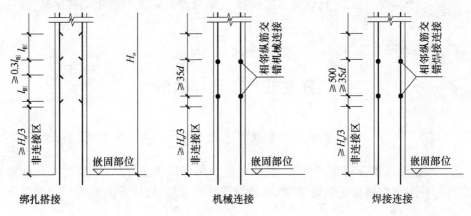

图 3-15 嵌固部位示意图

【实例分析】

【例 3-5】 已知中柱截面中钢筋分布为：$i=6$，$j=6$。

求中柱截面中钢筋根数、长角部向梁筋、短角部向梁筋、长中部向梁筋和短中部向梁筋各为多少？

【解】 中柱截面中钢筋 $=2\times(i+j)-4=2\times(6+6)-4=20$（根）

长角部向梁筋 $=2$ 根

短角部向梁筋 $=2$ 根

长中部向梁筋 $=i+j-4=8$（根）

短中部向梁筋 $=i+j-4=8$（根）

验算：

长角部向梁筋＋短角部向梁筋＋长中部向梁筋＋短中部向梁筋

$$= 2+2+8+8 = 20(根)$$

正确无误。

【例 3-6】 已知中柱截面中钢筋分布为：$i=7, j=7$。

求中柱截面中钢筋根数、长角部向梁筋、短角部向梁筋、长中部向梁筋和短中部向梁筋各为多少？

【解】 中柱截面中钢筋 $= 2 \times (i+j) - 4 = 2 \times (7+7) - 4 = 24(根)$

长角部向梁筋 $= 4$ 根

短角部向梁筋 $= 0$ 根

长中部向梁筋 $= i + j - 6 = 8(根)$

短中部向梁筋 $= i + j - 2 = 12(根)$

验算：

长角部向梁筋 + 短角部向梁筋 + 长中部向梁筋 + 短中部向梁筋

$= 4 + 0 + 8 + 12 = 24(根)$

正确无误。

分支五　顶层柱钢筋

【要　　点】

本分支主要介绍顶层柱类型、中柱的顶层钢筋构造、中柱顶筋的类别和数量、边柱和角柱的顶层钢筋构造、顶层钢筋计算总结、边柱顶筋的类别和数量及角柱顶筋的类别和数量等内容。

【解　　释】

◆ **顶层柱类型**

根据柱的平面位置，将柱分为边、中、角柱，其钢筋伸到顶层梁板的方式和长度不同，如图 3-16 所示。

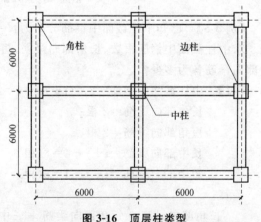

图 3-16　顶层柱类型

◆ **中柱的顶层钢筋构造**

1. 顶层中柱钢筋构造(一)(11G101—1 图集第 60 页)

顶层中柱钢筋构造(一),见表 3-18。

表 3-18 顶层中柱钢筋构造(一)

层号	顶标高	层高	顶梁高
4	15.87	3.6	700
3	12.27	3.6	700
2	8.67	4.2	700
1	4.17	4.5	700
基础	−0.97	基础厚 800	—

平法施工图:直锚长度$<l_{aE}$

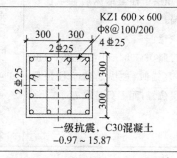

钢筋构造要点:

$l_{aE} = 34d >$ 梁高 700 mm. 因此,顶层中柱全部纵筋伸至柱顶弯折 $12d$

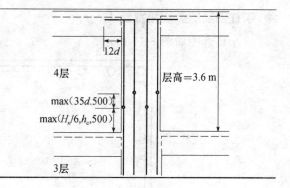

2. 顶层中柱钢筋构造(二)(11G101—1 图集第 60 页)

顶层中柱钢筋构造(二),见表 3-19。

表 3-19 顶层中柱钢筋构造(二)

层号	顶标高	层高	顶梁高
4	15.87	3.6	700
3	12.27	3.6	700
2	8.67	4.2	700
1	4.47	4.5	700
基础	−0.97	基础厚 800	—

平法施工图:直锚长度$\geqslant l_{aE}$

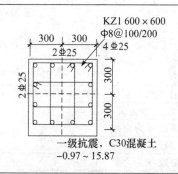

钢筋构造要点：

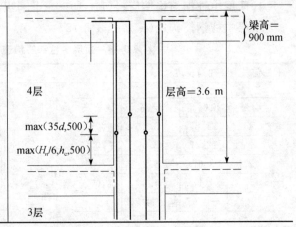

$l_{aE} = 34d >$ 梁高 900 mm，因此，顶层中柱全部纵筋伸至柱顶直锚。

注意：

对照 06G901—1 图集第 2—28 页，直锚时，柱纵筋伸至柱顶保护层位置，而不只是取 l_{aE}。

◆ **中柱顶筋的类别和数量**

i、j 概念图如图 3-17 所示。

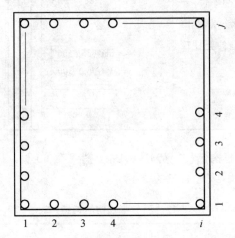

图 3-17　i、j 概念图

中柱顶筋类别及数量的计算见表 3-20。

表 3-20　中柱顶筋类别及数量表

中柱顶筋类别	长角部向梁筋	短角部向梁筋	长中部向梁筋	短中部向梁筋
i 为偶数，j 也为偶数				
i 为偶数，j 为奇数	2	2	$i+j-4$	$i+j-4$
j 为奇数，i 为偶数				
j 为奇数，i 为奇数	4	0	$i+j-6$	$i+j-2$

$$柱截面中的钢筋数=2\times(i+j)-4$$

上述计算适用于中柱、边柱和角柱中的钢筋数量计算。

◆ **边柱和角柱的顶层钢筋构造**

（1）边柱和角柱柱顶纵向钢筋构造。11G101－1图集关于抗震 KZ 边柱和角柱柱顶纵向钢筋构造见图 3-18（用于非抗震时 l_{abE} 改为 l_{ab}）。

①图 3-18 中，(a)节点外侧伸入梁内钢筋不小于梁上部钢筋时，可以弯入梁内作为梁上部纵向钢筋。

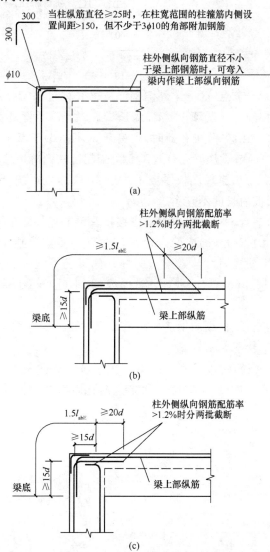

图 3-18 抗震 KZ 边柱和角柱柱顶纵向钢筋构造

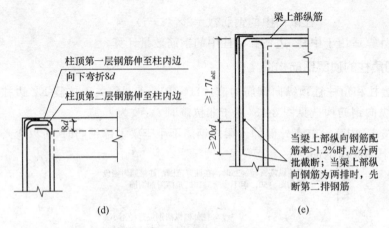

(d)　　　　　　　　(e)

续图 3-18

②图 3-18(b)(c)节点,区分了外侧钢筋从梁底算起 $1.5l_{abE}$ 是否超过柱内侧边缘;没有超过的,弯折长度须≥$15d$,总长≥$1.5l_{abE}$。不管是否超过柱内侧边缘,当外侧配筋率>1.2%分批截断时,须错开 $20d$。(b)节点从梁底算起 $1.5l_{abe}$ 超过柱内侧边缘,(c)节点从梁底算起 $1.5l_{abe}$ 未超过柱内侧边缘。

③图 3-18(d)节点,当现浇板厚度不小于 100 时,也可按(b)节点方式伸入板内锚固,且伸入板内长度不宜小于 $15d$;

④图 3-18(e)节点,梁、柱纵向钢筋搭接接头沿节点外侧直线布置。

⑤节点(a)、(b)、(c)、(d)应配合使用,节点(d)不应单独使用(仅用于未伸入梁内的柱外侧纵筋锚固),伸入梁内的柱外侧纵筋不宜少于柱外侧全部纵筋面积的 65%。可选择(b)+(d)或(c)+(d)或(a)+(b)+(d)或(a)+(c)+(d)的做法。

⑥节点(b)用于梁、柱纵向钢筋接头沿节点柱顶外侧直线布置的情况,可与节点(a)组合使用。

(2)顶层角柱钢筋构造图例。顶层角柱钢筋构造见表 3-21。表 3-21 所示的图例是根据 11G101—1 图集第 59 页节点演化而来的。

表 3-21　顶层角柱钢筋构造

平法施工图:

层号	顶标高	层高	顶梁高
4	15.87	3.6	700
3	12.27	3.6	700
2	8.67	4.2	700
1	4.47	4.5	700
基础	−0.97	基础厚 800	—

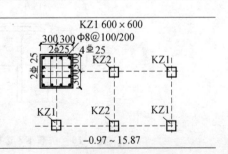

外侧钢筋与内侧钢筋分解：

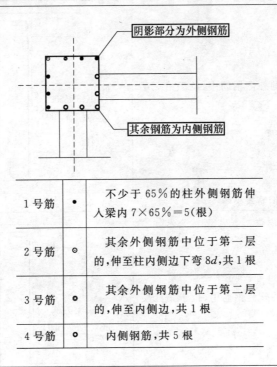

1号筋	•	不少于65%的柱外侧钢筋伸入梁内 7×65%＝5(根)
2号筋	◎	其余外侧钢筋中位于第一层的,伸至柱内侧边下弯8d,共1根
3号筋	◎	其余外侧钢筋中位于第二层的,伸至内侧边,共1根
4号筋	◎	内侧钢筋,共5根

钢筋构造要点与钢筋效果图：

(1)65%的柱外侧纵筋(5根)从梁起算收头 $1.5l_{abE}(l_{ab})$

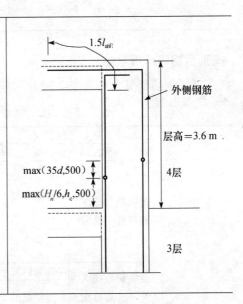

平法施工图：

（2）其余 35％ 的外侧钢筋中，位于第一层的，伸至柱内侧边下弯 8d

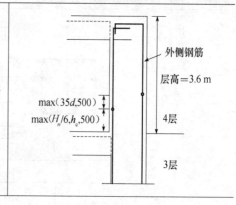

钢筋构造要点与钢筋效果图：

（3）其余 35％ 的外侧钢筋中，位于第二层的，伸至柱内侧边

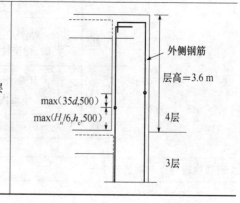

◆ **顶层钢筋计算总结**

顶层钢筋计算总结见表 3-22。

表 3-22 顶层钢筋计算总结

中柱			直锚：伸至柱顶－保护层
			弯锚：伸至柱顶－保护层＋12d
边、角柱（11G101－1 图集第 59 页节点构造）	梁纵筋与柱纵筋弯折搭接型	外侧钢筋	不少于 65％，自梁底起 1.5l_{abE}
			剩下的位于第一层钢筋，伸至柱顶，柱内侧边下弯 8d
			剩下的位于第二层钢筋，伸至柱内侧边
		内侧钢筋	直锚：伸至柱顶－保护层
			弯锚：伸至柱顶－保护层＋15d
	梁纵筋与柱纵筋竖直搭接型	外侧钢筋	伸至柱顶－保护层＋15d
		内侧钢筋	直锚：伸至柱顶－保护层
			弯锚：伸至柱顶－保护层＋15d

◆ **边柱顶筋的类别和数量**

边柱顶筋的类别及其数量的计算,见表 3-23。

表 3-23　边柱顶筋的类别及其数量表

边柱顶筋类别	长角部向梁筋	短角部向梁筋	长中部向梁筋	短中部向梁筋	长中部远梁筋	短中部远梁筋	长中部向边筋	短中部向边筋
i 为偶数 j 为偶数	2	2	$j-2$	$j-2$	$(i-2)/2$	$(i-2)/2$	$(i-2)/2$	$(i-2)/2$
i 为偶数 j 为奇数								
i 为奇数 j 为偶数	2	2	$j-2$	$j-2$	$(i-3)/2$	$(i-1)/2$	$(i-1)/2$	$(i-3)/2$
i 为奇数 j 为奇数	4	0	$j-3$	$j-1$	$(i-3)/2$	$(i-1)/2$	$(i-3)/2$	$(i-1)/2$

◆ **角柱顶筋的类别和数量**

角柱顶筋类别及其数量的计算,见表 3-24。

表 3-24　角柱顶筋类别及其数量表

角柱顶筋类别	长角部远梁筋(一排)	短角部远梁筋(一排)	长中部远梁筋(一排)	短中部远梁筋(一排)	短中部远梁筋(二排)	长中部远梁筋(二排)	短角部远梁筋(二排)	长角部向边筋	长角部向边筋	短中部向边筋(三排)	长中部向边筋(三排)	短角部向边筋(三排)	短中部向边筋(四排)	长中部向边筋(四排)
i 为偶数 j 为偶数	1	1	$\frac{j}{2}-1$	$\frac{j}{2}-1$	$\frac{i}{2}-1$	$\frac{i}{2}-1$	1	0	1	$\frac{j}{2}-1$	$\frac{j}{2}-1$	0	$\frac{i}{2}-1$	$\frac{i}{2}-1$
i 为偶数 j 为奇数	2	0	$\frac{j}{2}-\frac{3}{2}$	$\frac{j}{2}-\frac{1}{2}$	$\frac{i}{2}-1$	$\frac{i}{2}-1$	1	0	0	$\frac{j}{2}-\frac{3}{2}$	$\frac{j}{2}-\frac{1}{2}$	1	$\frac{i}{2}-1$	$\frac{i}{2}-1$
i 为奇数 j 为偶数	1	1	$\frac{j}{2}-1$	$\frac{j}{2}-1$	$\frac{i}{2}-\frac{1}{2}$	$\frac{i}{2}-\frac{3}{2}$	0	1	0	$\frac{j}{2}-1$	$\frac{j}{2}-1$	1	$\frac{i}{2}-\frac{3}{2}$	$\frac{i}{2}-\frac{1}{2}$
i 为奇数 j 为奇数	2	0	$\frac{j}{2}-\frac{3}{2}$	$\frac{j}{2}-\frac{3}{2}$	$\frac{i}{2}-\frac{1}{2}$	$\frac{i}{2}-\frac{3}{2}$	0	1	1	$\frac{j}{2}-\frac{1}{2}$	$\frac{j}{2}-\frac{3}{2}$	0	$\frac{i}{2}-\frac{1}{2}$	$\frac{i}{2}-\frac{3}{2}$

【相关知识】

◆ **框架柱箍筋构造**

框架柱箍筋构造见表 3-25。

表 3-25　框架柱箍筋构造

钢筋长度:矩形封闭箍筋长度＝2×[(b−2c+d)+(h−2c+d)]+2×11.9d

基础内箍筋根数(加密区范围):

基础内箍筋根数:间距≤500且不少于两道矩形封闭箍筋。 　　注意:基础内箍筋为非复合箍	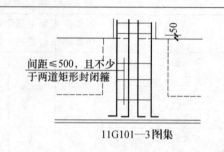 <div align="center">间距≤500,且不少于两道矩形封闭箍</div> <div align="center">11G101—3图集</div>

地下室框架柱箍筋根数(加密范围):

地下室框架柱箍筋根数:加密区为地下室框架柱纵筋非连接区高度	<div align="center">11G101—1图集</div>
中间节点高度:当与框架柱相连的框架梁高度或标高不同,注意节点高度的范围	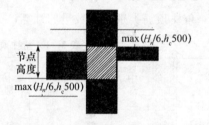
节点区起止位置:框架柱箍筋在楼层位置分段进行布置,楼面位置起步距离为50 mm	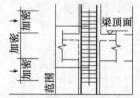 <div align="center">11G101—1 图集第61页:箍筋连续布置</div> 节点最上一组箍筋 节点最上一组箍盘 <div align="center">06G901—16图集第2-16页: 箍筋在楼层位置分段设置</div>
特殊情况:短柱全高加密	<div align="center">11G101—1 图集第 62 页</div>

【实例分析】

【例 3-7】 已知:三级抗震楼层中柱,钢筋 $d=18$ mm,混凝土 C30,梁高 600 mm,梁保护层 22 mm,柱净高 2400 mm,柱宽 450 mm。

求:向梁筋的长 l_1、短 l_1 和 l_2 的加工、下料尺寸。

【解】 长 l_1＝层高－max(柱净高/6,柱宽,500)－梁保护层

　　　　　＝2400＋600－max(2400/6,450,500)－22

　　　　　＝2400＋600－500－22

　　　　　＝2478 (mm)

　　　　短 l_1＝层高－max(柱净高/6,柱宽,500)－max($35d$,500)－梁保护层

　　　　　＝2400＋600－max(2400/6,450,500)－max(630,500)－22

　　　　　＝2400＋600－500－630－22

　　　　　＝1848 (mm)

梁高－梁保护层＝600－22＝578 (mm)

三级抗震,$d=18$ mm,C30 时,$l_{aE}=31d=558$(mm)

因为(梁高－梁保护层)$\geq l_{aE}$,所以

$l_2=0$

无需弯有水平段的筋 l_2。

因此,长 l_1、短 l_1 的下料长度分别等于自身。

【例 3-8】 已知:二级抗震楼层中柱,钢筋 $d=18$ mm,混凝土 C30,梁高 600 mm,梁保护层 25 mm,柱净高 2400 mm,柱宽 400 mm。$i=8$,$j=8$。

求:向梁筋的长 l_1、短 l_1 和 l_2 的加工、下料尺寸。

【解】 长 l_1＝层高－max(柱净高/6,柱宽,500)－梁保护层

　　　　　＝2400＋600－max(2400/6,400,500)－25

　　　　　＝3000－500－25

　　　　　＝2475 (mm)

　　　　短 l_1＝层高－max(柱净高/6,柱宽,500)－max($35d$,500)－梁保护层

　　　　　＝2400＋600－max(2400/6,400,500)－max(630,500)－25

　　　　　＝3000－500－630－25

　　　　　＝1845 (mm)

梁高－梁保护层＝600－25＝575 (mm)

二级抗震,$d=18$ mm,C30 时,$l_{aE}=34d=612$(mm)

因为 $0.5l_{aE}<$(梁高－梁保护层)$<l_{aE}$,所以

$l_2=12d=216$ (mm)

长向梁筋下料长度＝长 l_1+l_2－外皮差值＝2475＋216－2.931$d\approx$2638 (mm)

短向梁筋下料长度＝短 $l_1＋l_2$－外皮差值＝1845＋216－2.931d≈2008（mm）

钢筋数量＝2×（8＋8）－4＝28（根）

也就是说，每根柱中：长向梁筋 6 根；短向梁筋 6 根。

【例 3-9】 已知边柱截面中钢筋分布为：$i＝6,j＝7$。

求边柱截面中钢筋根数、长角部向梁筋、短角部向梁筋、长中部向梁筋、短中部向梁筋、长中部远梁筋、短中部远梁筋、长中部向边筋和短中部向边筋各为多少？

【解】 边柱截面中钢筋根数＝2×（$i＋j$）－4＝2×（6＋7）－4＝22（根）

长角部向梁筋根数＝2（根）

短角部向梁筋根数＝2（根）

长中部向梁筋根数＝j－2＝5（根）

短中部向梁筋根数＝j－2＝5（根）

长中部远梁筋根数＝（i－2）/2＝（6－2）/2＝2（根）

短中部远梁筋根数＝（i－2）/2＝（6－2）/2＝2（根）

长中部向边筋根数＝（i－2）/2＝（6－2）/2＝2（根）

短中部向边筋根数＝（i－2）/2＝（6－2）/2＝2（根）

验算：

长角部向梁筋＋短角部向梁筋＋长中部向梁筋＋短中部向梁筋＋长中部远梁筋＋短中部远梁筋＋长中部向边筋＋短中部向边筋＝2＋2＋5＋5＋2＋2＋2＋2＝22（根）

正确无误。

【例 3-10】 已知边柱截面中钢筋分布为：$i＝6,j＝6$。

求边柱截面中钢筋根数及长角部向梁筋、短角部向梁筋、长中部向梁筋、短中部向梁筋、长中部远梁筋、短中部远梁筋、长中部向边筋和短中部向边筋各为多少？

【解】 边柱截面中钢筋根数＝2×（$i＋j$）－4＝2×（7＋6）－4＝22（根）

长角部向梁筋根数＝2（根）

短角部向梁筋根数＝2（根）

长中部向梁筋根数＝j－2＝4（根）

短中部向梁筋根数＝j－2＝4（根）

长中部远梁筋根数＝（i－3）/2＝（7－3）/2＝3（根）

短中部远梁筋根数＝（i－1）/2＝（7－1）/2＝2（根）

长中部向边筋根数＝（i－1）/2＝（7－1）/2＝2（根）

短中部向边筋根数＝（i－3）/2＝（7－3）/2＝3（根）

验算：

长角部向梁筋＋短角部向梁筋＋长中部向梁筋＋短中部向梁筋＋长中部

远梁筋＋短中部远梁筋＋长中部向边筋＋短中部向边筋＝2＋2＋4＋4＋2＋3＋3＋2＝22(根)

正确无误。

【例 3-11】　已知边柱截面中钢筋分布为：$i=7$，$j=7$。

求边柱截面中钢筋根数及长角部向梁筋、短角部向梁筋、长中部向梁筋、短中部向梁筋、长中部远梁筋、短中部远梁筋、长中部向边筋和短中部向边筋各为多少?

【解】　边柱截面中钢筋根数＝$2\times(i+j)-4=2\times(7+7)-4=24$(根)

长角部向梁筋根数＝4(根)

短角部向梁筋根数＝0

长中部向梁筋根数＝$j-3=4$(根)

短中部向梁筋根数＝$j-1=6$(根)

长中部远梁筋根数＝$(i-3)/2=(7-3)/2=2$(根)

短中部远梁筋根数＝$(i-1)/2=(7-1)/2=3$(根)

长中部向边筋根数＝$(i-3)/2=(7-3)/2=2$(根)

短中部向边筋根数＝$(i-1)/2=(7-1)/2=3$(根)

验算：

长角部向梁筋＋短角部向梁筋＋长中部向梁筋＋短中部向梁筋＋长中部远梁筋＋短中部远梁筋＋长中部向边筋＋短中部向边筋＝4＋0＋4＋6＋2＋3＋2＋3＝24(根)

正确无误。

【例 3-12】　已知角柱截面中钢筋分布为：$i=6$；$j=6$。

求角柱截面中钢筋根数及长角部远梁筋(一排)、短角部远梁筋(一排)、长中部远梁筋(一排)、短中部远梁筋(一排)、短中部远梁筋(二排)、长中部远梁(二排)、短角部远梁筋(二排)、长角部远梁筋(二排)、长角部向边筋(三排)、短中部向边筋(三排)、长中部向边筋(三排)、短角部向边筋(三排)、短中部向边筋(四排)、长中部向边筋(四排)各为多少?

【解】　角柱截面中钢筋根数＝$2\times(i+j)-4=2\times(6+6)-4=20$(根)

长角部远梁筋根数(一排)＝1(根)

短角部远梁筋根数(一排)＝1(根)

长中部远梁筋根数(一排)＝2(根)

短中部远梁筋根数(一排)＝$j/2-1=2$(根)

短中部远梁筋根数(二排)＝$j/2-1=2$(根)

长中部远梁筋根数(二排)＝$i/2-1=2$(根)

短角部远梁筋根数(二排)＝1(根)

长角部远梁筋根数(二排)＝0

长角部向边筋根数(三排)＝1(根)

短中部向边筋根数(三排)＝$j/2-1$＝2(根)

长中部向边筋根数(三排)＝$j/2-1$＝2(根)

短角部向边筋根数(三排)＝0

短中部向边筋根数(四排)＝$i/2-1$＝2(根)

长中部向边筋根数(四排)＝$i/2-1$＝2(根)

验算:

长角部远梁筋(一排)＋短角部远梁筋(一排)＋长中部远梁筋(一排)＋短中部远梁筋(一排)＋短中部远梁筋(二排)＋长中部远梁筋(二排)＋短角部远梁筋(二排)＋长角部远梁筋(二排)＋长角部向边筋(三排)＋短中部向边筋(三排)＋长中部向边筋(三排)＋短角部向边筋(三排)＋短中部向边筋(四排)＋长中部向边筋(四排)＝1＋1＋2＋2＋2＋2＋1＋0＋1＋2＋2＋0＋2＋2＝20(根)

正确无误。

第四章 板构件

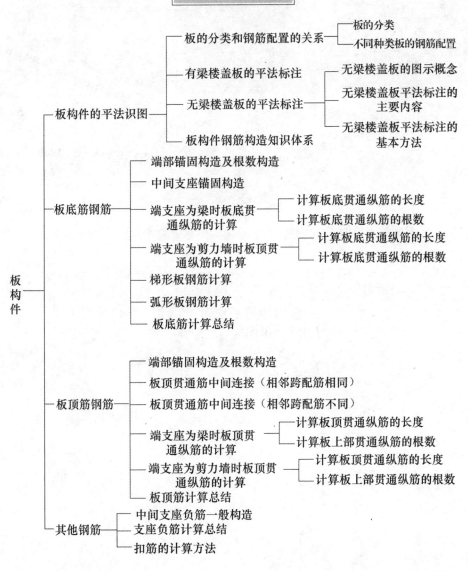

本章知识体系

板构件

├─ 板构件的平法识图
│   ├─ 板的分类和钢筋配置的关系
│   │   ├─ 板的分类
│   │   └─ 不同种类板的钢筋配置
│   ├─ 有梁楼盖板的平法标注
│   ├─ 无梁楼盖板的平法标注
│   │   ├─ 无梁楼盖板的图示概念
│   │   ├─ 无梁楼盖板平法标注的主要内容
│   │   └─ 无梁楼盖板平法标注的基本方法
│   └─ 板构件钢筋构造知识体系

├─ 板底筋钢筋
│   ├─ 端部锚固构造及根数构造
│   ├─ 中间支座锚固构造
│   ├─ 端支座为梁时板底贯通纵筋的计算
│   │   ├─ 计算板底贯通纵筋的长度
│   │   └─ 计算板底贯通纵筋的根数
│   ├─ 端支座为剪力墙时板顶贯通纵筋的计算
│   │   ├─ 计算板底贯通纵筋的长度
│   │   └─ 计算板底贯通纵筋的根数
│   ├─ 梯形板钢筋计算
│   ├─ 弧形板钢筋计算
│   └─ 板底筋计算总结

├─ 板顶筋钢筋
│   ├─ 端部锚固构造及根数构造
│   ├─ 板顶贯通筋中间连接（相邻跨配筋相同）
│   ├─ 板顶贯通筋中间连接（相邻跨配筋不同）
│   ├─ 端支座为梁时板顶贯通纵筋的计算
│   │   ├─ 计算板顶贯通纵筋的长度
│   │   └─ 计算板上部贯通纵筋的根数
│   ├─ 端支座为剪力墙时板顶贯通纵筋的计算
│   │   ├─ 计算板顶贯通纵筋的长度
│   │   └─ 计算板上部贯通纵筋的根数
│   └─ 板顶筋计算总结

└─ 其他钢筋
    ├─ 中间支座负筋一般构造
    ├─ 支座负筋计算总结
    └─ 扣筋的计算方法

◆ 知识树 1——板构件的平法识图

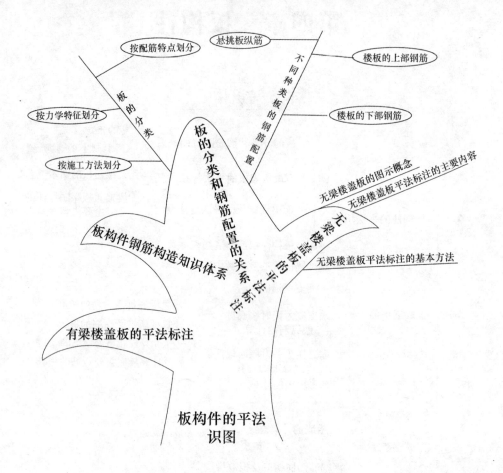

◆ 知识树2——扣筋的计算方法

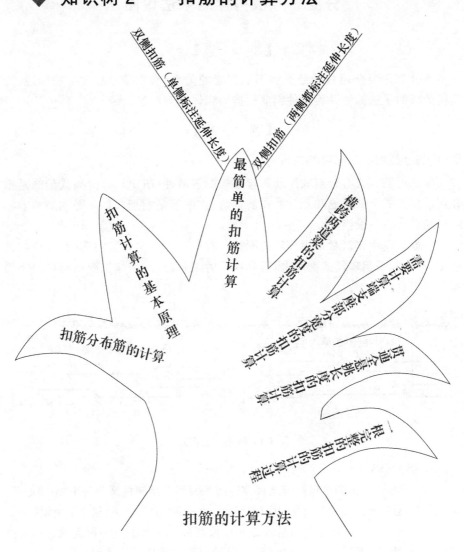

双侧扣筋（单侧标注延伸长度）

双侧扣筋（两侧都标注延伸长度）

最简单的扣筋计算

扣筋计算的基本原理

扣筋分布筋的计算

排布多个非贯通筋计算

需要计算净跨及其部分长度的扣筋计算

跨板受力筋扣筋的计算

根据标注的扣筋的计算过程

扣筋的计算方法

分支一　板构件的平法识图

【要　　点】

本分支主要介绍板的分类和钢筋配置的关系、有梁楼盖板的平法标注、无梁楼盖板的平法标注及板构件钢筋构造知识体系等内容。

【解　　释】

◆ **板的分类和钢筋配置的关系**

板的配筋方式有分离式配筋和弯起式配筋两种（图 4-1）。分离式配筋是指分别设置板的下部主筋和上部的扣筋；弯起式配筋是指把板的下部主筋和上部的扣筋设计成一根钢筋。

一般的民用建筑常采用分离式配筋。有些工业厂房，尤其是具有振动荷载的楼板，必须采用弯起式配筋，当遇到这样的工程时，宜按施工图所给出的钢筋构造详图进行施工。

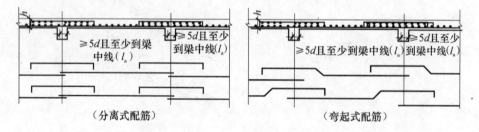

（分离式配筋）　　　　　　　　　（弯起式配筋）

图 4-1　板的配筋方式

1. 板的分类

（1）按施工方法划分包括现浇板和预制板两种。预制板又分为平板、空心板、槽形板、大型屋面板等。但现在的民用建筑大量采用的是现浇板，很少采用预制板。

（2）按力学特征划分包括悬臂板和楼板两种。悬臂板是一面支承的板。挑檐板、阳台板、雨篷板等都是悬臂板；楼板是两面支承或四面支承的板。

（3）按配筋特点划分。

① 楼板的配筋有单向板和双向板两种。单向板在一个方向上布置主筋，在另一个方向上布置分布筋；双向板在两个互相垂直的方向上布置的都是主筋。

此外，配筋的方式有单层布筋和双层布筋两种。楼板的单层布筋是在板的下部布置贯通纵筋，在板的周边布置扣筋，即非贯通纵筋；楼板的双层布筋就是板的上部和下部都布置贯通纵筋。

② 悬挑板都是单向板，布筋方向与悬挑方向一致。

2. 不同种类板的钢筋配置

（1）楼板的下部钢筋。

双向板：在两个受力方向上都布置贯通纵筋。

单向板：在受力方向上布置贯通纵筋，而在另一个方向上布置分布筋。

在实际工程中，楼板常采用双向布筋。因为根据规范，当板的长边长度与短边长度之比≤2.0时，应按双向板计算；2.0＜长边长度与短边长度之比≤3.0时，宜按双向板计算。

（2）楼板的上部钢筋。

双层布筋：设置上部贯通纵筋。

单层布筋：不设上部贯通纵筋，而设置上部非贯通纵筋，即扣筋。

对于上部贯通纵筋来说，同样存在着双向布筋和单向布筋的区别。

对于上部非贯通纵筋（即扣筋）来说，需要布置分布筋。

（3）悬挑板纵筋。

顺着悬挑方向设置上部纵筋。

◆ **有梁楼盖板的平法标注**

图 4-2 是利用平法制图标准方法绘制的楼板结构施工平面图。准确地说，楼板平面图上钢筋的规格、数量和尺寸，分为集中标注和原位标注两部分。在图中间注

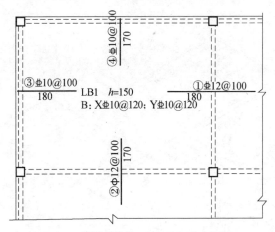

图 4-2 楼板结构施工平面图（平法制图）

写的是集中标注，四周注写的是原位标注。"LB1"表示该楼板为 1 号楼面板。集中标注的内容有："$h=150$"表示板厚度为 150 mm；"B"表示板的下部贯通纵筋；"X"表示贯通纵筋沿横向铺设；"Y"表示贯通纵筋沿图纸竖向铺设。图中四周原位标注的是负筋。①号负筋下方的 180 是指梁的中心线到钢筋端部的距离，即钢筋长度等于两个 180 为 360。但是，当梁两侧的数据不一样时，就需要把两侧的数据加到一起，才表示梁的长度。②号负筋和①号负筋的道理一样；③号负筋位于梁的一侧，它下面

标注的 180 就是钢筋的长度,④号负筋和③号负筋情况一样,只是数据不一样。

图 4-3 是利用传统制图的标准方法绘制的楼板结构施工平面图。在有梁处的板中设置有①、②、③、④号负筋。这些负筋在图 4-2(平法制图)中是画成不带弯的直线的。但在图 4-3 的传统制图中,钢筋两端是画成直角弯钩的。

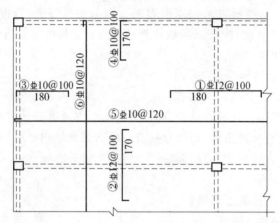

图 4-3 楼板结构施工平面图(传统制图)

图 4-4 是图 4-2 和图 4-3 的立体示意图。

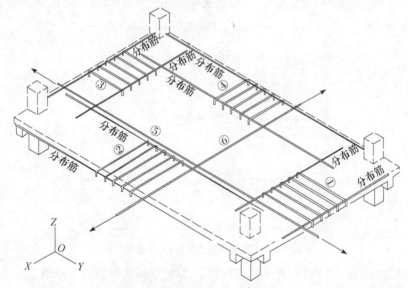

图 4-4 楼板结构施工的立体示意图

利用平法制图的标准方法绘制的走廊过道外的楼板中配筋,如图 4-5 所示。在走廊过道处的楼板中,下部既配有横向贯通纵筋,又配有竖向贯通纵筋,在楼板上部配有横向贯通纵筋,另还有负筋跨在一双梁上。集中标注解释见表 4-1。

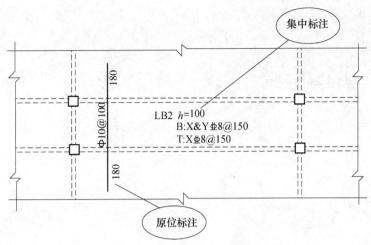

图 4-5 走廊楼板配筋（平法制图）

表 4-1 集中标注解释

标注形式	意 义	标注形式	意 义
LB2	楼面板 2 号	T	板中上部筋
$h=100$	板厚等于 100 mm	X	横向贯通纵筋
B	板中下部筋	X&Y	横向贯通纵筋和竖向贯通纵筋

图 4-6 是利用传统制图的标准方法对照图 4-5 绘出的，用来解释图 4-5 中的集中标注的内容。图 4-6 中的①号筋和②号筋，就是图 4-5 中的"B：X&Y⊈8@150"。

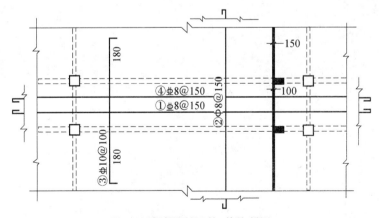

图 4-6 走廊楼板配筋（传统制图）

图 4-7 是图 4-5 和图 4-6 的立体示意图，它是在楼板中铺设钢筋的情况。

楼板结构平面图中楼板配筋的集中标注示例如图 4-8 所示。图中只表示了板厚和下部钢筋。下部钢筋配置：X 方向（横向）贯通纵筋；Y 方向（竖向）贯通

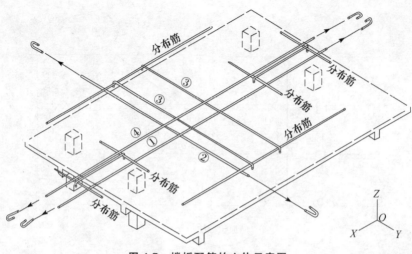

图 4-7 楼板配筋的立体示意图

纵筋。图中只标注了"B",而没有标注"T",意思是说楼板中只配置下部贯通纵筋,不配置上部贯通纵筋。

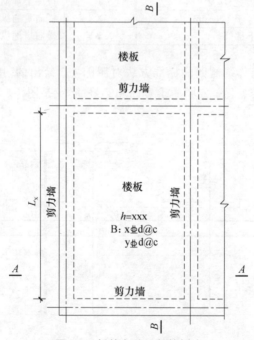

图 4-8 板的多跨下部筋标注

图 4-9 是从图 4-8 中剖切画出的。

板搭在边梁上的负筋如图 4-10 所示,图 4-11 是板搭在边梁上的负筋的截面图。

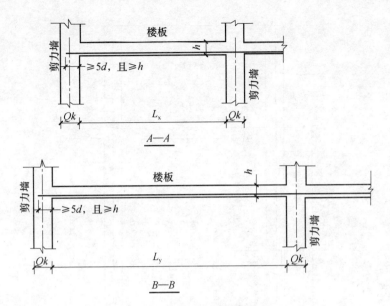

图 4-9 板下部配筋的截面图

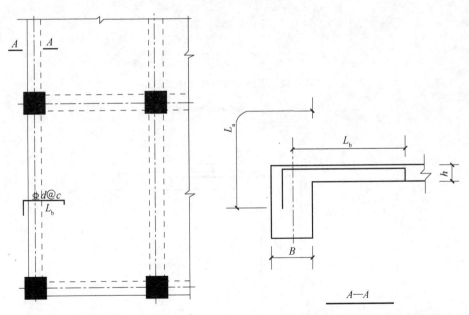

图 4-10 板搭在边梁上的负筋　图 4-11 板搭在边梁上的负筋的截面图

　　图 4-12 是板搭在剪力墙上的负筋,图 4-13 是板搭在剪力墙上的负筋的截面图。

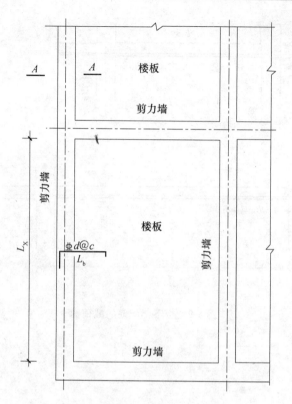

图 4-12　板搭在剪力墙上的负筋

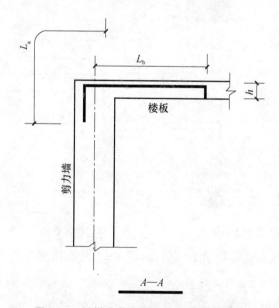

图 4-13　板搭在剪力墙上的负筋的截面图

图 4-14 是板的跨梁负筋,图 4-15 是板的跨梁负筋的截面图。

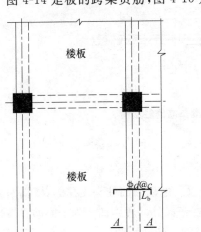

图 4-14　板的跨梁负筋

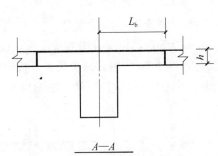

图 4-15　板的跨梁负筋的截面图

图 4-16 是板中跨走廊双梁的负筋,图 4-17 是板中跨双梁负筋的截面图。

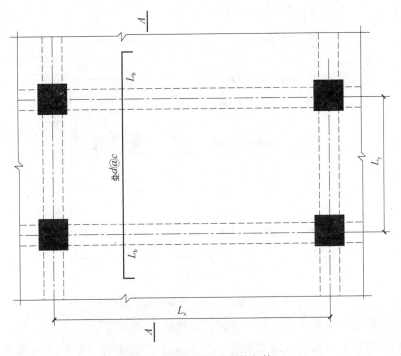

图 4-16　板中跨双梁的负筋

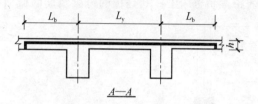

图 4-17 板中跨双梁负筋的截面图

◆ 无梁楼盖板的平法标注

1. 无梁楼盖板的图示概念

无梁楼盖板是指没有梁的楼盖板。楼板是由戴帽的柱头支撑的,楼板四周有小边梁,如图 4-18 所示。这个楼板悬挑出柱子以外一段距离。为了能够看清楚柱帽的几何形状,通过取剖视的方法画出了带剖视的仰视图——"A—A 平面图"。

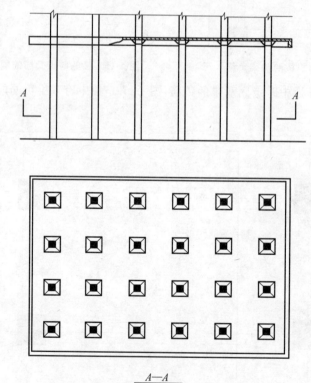

图 4-18 有悬挑板檐的无梁楼盖板模型图

(1) 周边具有悬挑板檐的无梁楼盖板如图 4-18 所示。

(2) 周边没有悬挑板檐的无梁楼盖板如图 4-19 所示。图 4-19 与图 4-18 相似,只不过图 4-18 有挑檐,而图 4-19 没有挑檐。

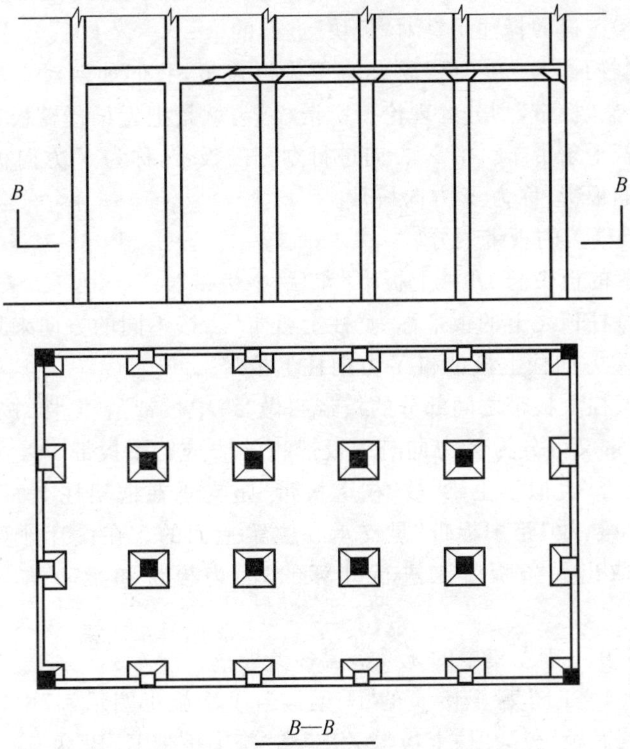

图 4-19　无挑檐板檐的无梁楼盖板模型图

(3)无梁楼盖板的其他类型:无梁楼盖板还有前后方具有挑檐的无梁楼盖板和左右方具有挑檐的无梁楼盖板。

(4)无梁楼盖板中集中标注的钢筋:柱上板带 X 向贯通纵筋,柱上板带 Y 向贯通纵筋,跨中板带 X 向贯通纵筋,跨中板带 Y 向贯通纵筋。

2.无梁楼盖板平法标注的主要内容

无梁楼盖板平法施工图系在楼面板和屋面板布置图上,采用平面注写的表达方式。

板平面注写主要有以下两部分的内容:①板带集中标注;②板带支座原位标注。

无论是集中标注还是原位标注,均针对"板带"进行的。因此,在无梁楼盖结构中,必须弄清楚板带的概念。

3.无梁楼盖板平法标注的基本方法

在有梁楼盖中,楼板的周边是梁。扩展到剪力墙结构和砌体结构中,楼板的周边是梁或墙。因此，一个面积硕大的楼面板，可由不同位置的梁或墙把它分割为几块面积较小的平板，以利于对它进行配筋处理。所以说，11G101—1图集对有梁楼盖板的标注是针对"板块"进行的。

但是，同样面对一个面积硕大的无梁楼盖板，我们如何对它进行划分呢？为此，提出了按"板带"划分的理论。所谓板带，就是把无梁楼盖板，沿一定方向平行切开成若干条带子。沿 X 方向进行划分的板带，称为 X 方向板带；沿 Y 方向进行划分的板带，称为 Y 方向板带。

（1）无梁楼盖的板带划分。

无梁楼盖的板带分为"柱上板带"和"跨中板带"。

那些通过柱顶之上的板带称为"柱上板带"。按不同的方向来划分，柱上板带又可分为 X 方向柱上板带和 Y 方向柱上板带。

相邻两条柱上板带之间部分的板带叫做"跨中板带"。同样，按不同的方向划分，跨中板带又可分为 X 方向跨中板带和 Y 方向跨中板带。

"柱上板带"类似于主梁，故"柱上板带"是支承在框架柱上面的，"跨中板带"类似于次梁，故"跨中板带"是支承在主梁上面的。在设计计算中，板的计算也经常是取出一条板带来进行计算的，因为板带和梁一样，都有宽度和长度。

（2）11G101—1 图集中的无梁楼盖各类板带。

从 11G101—1 图集第 45 页的"无梁楼盖平法施工图示例"中，我们可以看出，无梁楼盖的"板"分为"柱上板带 ZSB"和"跨中板带 KZB"两类。

每条板带只标注纵向钢筋，其横向钢筋由垂直向的板带来标注。这一点可以从图集第 96 页"无梁楼盖柱上板带 ZSB 与跨中板带 KZB 纵向钢筋构造"图中看出来。

集中标注是指对一条板带的贯通纵筋进行标注。

一条板带只有一个集中标注。同一类板带可能有许多条，但只需要对其中的一条板带进行集中标注。

原位标注是指对一条板带各支座的非贯通纵筋进行标注。

"柱上板带"和"跨中板带"都具有上部非贯通纵筋。从板带方向上看，"柱上板带"和"跨中板带"同样也分为"X 向"和"Y 向"两类。

◆ 板构件钢筋构造知识体系

板构件钢筋构造知识体系见表 4-2。它是按照构件组成、钢筋组成的思路归纳整理出来的。表中的内容可参考 11G101—1 图集第 92—106 页中的"板构件的钢筋构造"。

表 4-2 板构件钢筋构造知识体系

钢筋种类	钢筋构造情况	11G101—1 图集页码
板底筋	端部及中间支座锚固	第 92 页
	悬挑板	第 95 页
	板翻边	第 103 页
	局部升降板	第 99—100 页
板顶筋	端部锚固	第 92 页
	悬挑板	第 95 页
	板翻边	第 103 页
	局部升降板	第 99—100 页
支座负筋及分布筋	端支座负筋	第 92 页
	中间支座负筋	
	跨板支座负筋	
其他钢筋	板开洞	第 101—102 页
	悬挑阳角附加筋	第 103 页
	悬挑阴角附加筋	第 104 页
	温度筋	—
板钢筋骨架示意图		

【相关知识】

◆ 混凝土板的类型及其代号

1.楼面板

楼面板的代号为"LB",不同规格的楼面板可以用后缀的序号来区分,如"LB1"、"LB2"、"LB3"……可以参看图 4-20。

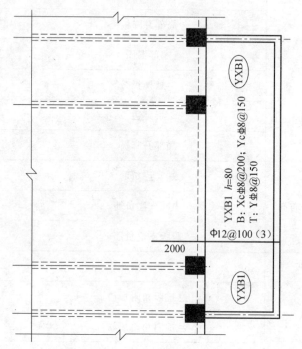

图 4-20 楼面板的标注

2.屋面板

屋面板的代号为"WB",不同规格的屋面板可以用后缀的序号来区分,如"WB1"、"WB2"、"WB3"……屋面板平面图与楼面板平面图类似,只不过是没有柱子的断面而已。

3.悬挑板

悬挑板的代号为"XB",不同规格的楼面板,可以用后缀的序号来区分,如"XB1""XB2""XB3"……参照图 4-21,它和图 4-20 的集中标注内容是一样的,只是原位标注不同而已。

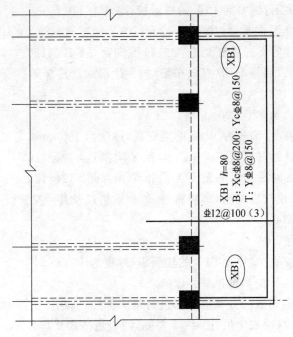

XB1 $h=80$
B: XcΦ8@200; YcΦ8@150
T: YΦ8@150

Φ12@100（3）

图 4-21 悬挑板的标注

【实例分析】

1.贯通纵筋的集中标注

贯通纵筋按板块的下部纵筋和上部纵筋分别注写,当板块上部不设贯通纵筋时则不需要标注。

11G101—1 图集规定:以 B 代表下部,T 代表上部,B&T 代表下部与上部;X 向贯通纵筋以 X 打头,Y 向贯通纵筋以 Y 打头,两向贯通纵筋配置相同时以 X&Y 打头。

【例 4-1】 双向板配筋(单层布筋)的表达格式及其含义。

LB5 $h=110$

B:XΦ12@120,YΦ10@110

上述标注表示:编号为 LB5 的楼面板,厚度为 110 mm,

板下部布置 X 向贯通纵筋为Φ12@120,Y 向贯通纵筋为Φ10@110,

板上部未配置贯通纵筋,板的周边需要布置扣筋。

【例 4-2】 双层板配筋(双向布筋)的表达格式及其含义。

LB2 $h=110$

B:XΦ12@120,YΦ10@110

T:X&YΦ12@150

上述标注表示：编号为 LB2 的楼面板，厚度为 110 mm，

板下部布置 X 向贯通纵筋为±12@120，Y 向贯通纵筋为±10@110，

板上部配置的贯通纵筋无论 X 向和 Y 向都是±12@150。

【**例 4-3**】 双层板配筋（双向布筋）的表达格式及其含义。

WB2 $h=100$

B&T：X&Y±12@120

上述标注表示：编号为 WB2 的楼面板，厚度为 100 mm，

板下部布置的贯通纵筋无论 X 向和 Y 向都是±12@120，

板上部配置的贯通纵筋无论 X 向和 Y 向都是±12@120。

【**例 4-4**】 单向板配筋（单层布筋）的表达格式及其含义。

LB5 $h=100$

B：Y±12@150

上述标注表示：编号为 LB5 的楼面板，厚度为 100 mm，

板下部布置 Y 向贯通纵筋±12@150，

板下部 X 向布置的分布筋不必进行集中标注，而在施工图中统一注明。

【**例 4-5**】 双层双向板（图 4-22 左侧）的表达格式及其含义。

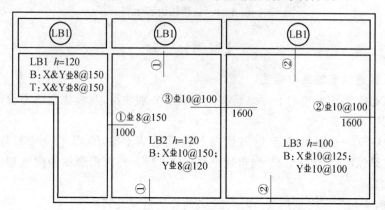

图 4-22 双向板的标注示意图

LB1 $h=120$

B：X&Y±8@150

T：X&Y±8@150

上述标注表示：编号为 LB1 的楼面板，厚度为 120 mm，

板下部布置的贯通纵筋无论 X 向和 Y 向都是±8@150，

板上部配置的贯通纵筋无论 X 向和 Y 向都是±8@150。

【**例 4-6**】 单层双向板（图 4-22 右侧）的表达格式及其含义。

LB3　　$h=100$

B:X&Y$\underline{\Phi}$8@150

T:X$\underline{\Phi}$8@150

上述标注表示:编号为 LB3 的楼面板,厚度为 100 mm,
板下部布置的贯通纵筋无论 X 向和 Y 向都是$\underline{\Phi}$8@150,
板上部配置的 X 向贯通纵筋为$\underline{\Phi}$8@150。

【例 4-7】 图 4-23 中"走廊板"的表达格式及其含义。

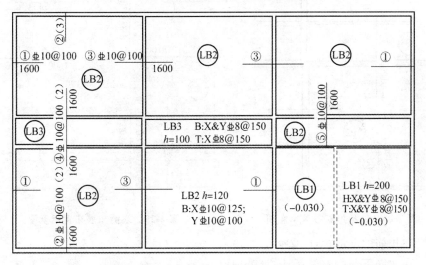

图 4-23 "走廊板"的标注示意图

LB3　　$h=100$

B:X&Y$\underline{\Phi}$8@150

T:X$\underline{\Phi}$8@150

上述标注表示:编号为 LB3 的楼面板,厚度为 100 mm,
板下部布置的贯通纵筋无论 X 向和 Y 向都是$\underline{\Phi}$8@150,
板上部配置的 X 向贯通纵筋为$\underline{\Phi}$8@150。

2. 板支座的原位标注

【例 4-8】 单侧扣筋布置的表达格式及其含义。

图 4-24 上面一跨的单侧扣筋①号钢筋。

在扣筋的上部标注:①$\underline{\Phi}$8@100

在扣筋的下部标注:1500

表示这个编号为 1 号的扣筋,规格和间距为$\underline{\Phi}$8@100,从梁中线向跨内的延
伸长度为 1500 mm。

【例 4-9】 双侧扣筋布置(向支座两侧对称延伸)的表达格式及其含义。

一根横跨一道框架梁的双侧扣筋②号钢筋（图 4-25）。

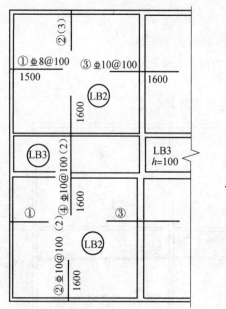

图 4-24 单侧扣筋布置示意图　　　图 4-25 双侧扣筋布置示意图

在扣筋的上部标注：②Φ 10@100

在扣筋下部的右侧标注：1600

而在扣筋下部的左侧为空白，没有尺寸标注。

表示这根②号扣筋从梁中线向右侧跨内的延伸长度为 1600 mm。因双侧扣筋的右侧没有尺寸标注，表明该扣筋向支座两侧对称延伸，即向左侧跨内的延伸长度也是 1600 mm。

故②号扣筋的水平段长度＝1600＋1600＝3200(mm)。

【例 4-10】 双侧扣筋布置（向支座两侧非对称延伸）的表达格式及其含义。

一根横跨一道框架梁的双侧扣筋③号钢筋（图 4-25）。

在扣筋的上部标注：③Φ 12@150

在扣筋下部的左侧标注：1600

在扣筋下部的右侧标注：1400

则表示这根③号扣筋向支座两侧非对称延伸。从梁中线向左侧跨内的延伸长度为 1600 mm；从梁中线向右侧跨内的延伸长度为 1400 mm。

所以，③号扣筋的水平段长度＝1600＋1400＝3000(mm)。

【例 4-11】 贯通短跨全跨扣筋布置的表达格式及其含义。

图 4-26 左边第一跨的④号扣筋的表达格式如下。

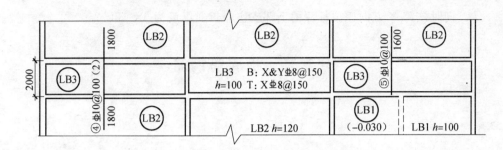

图 4-26　贯通短跨全跨的扣筋布置示意图

在扣筋的上部标注:④$\pm$10@100(2)

在扣筋下部左端标注延伸长度:1800

在扣筋中段横跨两梁之间没有尺寸标注。

在扣筋下部右端标注延伸长度:1800

平法板的标注规则:对于贯通短跨全跨的扣筋,规定贯通全跨的长度值不注。对于本题来说,这两道梁都是"正中轴线",而两道梁中心线的距离在平面图上标注的尺寸均为 2000 mm。

这样的扣筋水平长度计算公式为:

扣筋水平段长度 ＝ 左侧延伸长度＋两梁(墙)的中心间距＋右侧延伸长度

所以④号扣筋的水平段长度＝1800＋2000＋1800＝5600(mm)

3.上部非贯通纵筋特殊情况的处理

当板的上部已配置有贯通纵筋,但需增配板支座上部非贯通纵筋时,应结合已配置的同向贯通纵筋的直径与间距采取"隔一布一"方式配置。

"隔一布一"方式,为非贯通纵筋的标注间距与贯通纵筋相同,两者组合后的实际间距为各自标注间距的 1/2。当设定贯通纵筋为总截面面积的 50%,两种钢筋应取相同直径;当设定贯通纵筋大于或小于总截面面积的 50% 时,两种钢筋则取不同直径。

【例 4-12】 板的集中标注如下。

LB1 $h=120$

B:X&Y$\pm$10@150

T:X&Y$\pm$12@250

同时该跨 Y 方向原位标注的上部支座非贯通纵筋为⑤$\pm$12@250。

【例 4-13】 板的集中标注如下。

LB2 $h=120$

B:X&Y⊈10@150

T:X&Y⊈10@250

同时该跨 Y 方向原位标注的上部支座非贯通纵筋为③⊈12@250。

分支二　板底筋钢筋

【要　　点】

本分支主要介绍端部锚固构造及根数构造、中间支座锚固构造、端支座为梁时板底贯通纵筋的计算、端支座为剪力墙时板底贯通纵筋的计算、梯形板钢筋计算、弧形板钢筋计算及板底筋计算总结等内容。

【解　　释】

◆ 端部锚固构造及根数构造

端部锚固构造及根数构造见表 4-3。

表 4-3　端部锚固构造及根数构造

平法施工图：

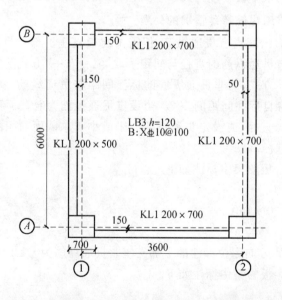

钢筋构造要点：

（1）梁（框架梁、次梁、圈梁）、剪力墙：$\geqslant 5d$ 且至少到支座中线。

砖墙：$\geqslant 120,\geqslant h$。

（2）钢筋起步距离：1/2 板筋间距，板钢筋布置到支座边

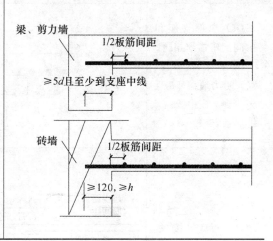

◆ 中间支座锚固构造

中间支座锚固构造见表 4-4。

表 4-4　板底筋中间支座锚固

平法施工图：

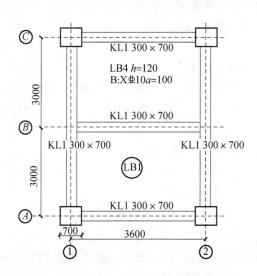

钢筋构造要点：

（1）端部支座和中间支座锚固相同。 梁（框架、次梁、圈梁）、剪力墙：≥5d且至少到支座中线。 砖墙：≥120，≥h	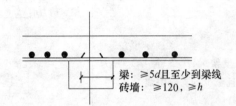
（2）板底筋按"板块"分别锚固，没有板底贯通筋	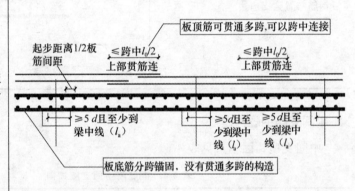

◆ **端支座为梁时板底贯通纵筋的计算**

1.计算板底贯通纵筋的长度

具体的计算方法如下。

（1）选定直锚长度＝梁宽/2。

（2）验算选定的直锚长度是否≥5d。若满足"直锚长度≥5d"，则没有问题；若不满足"直锚长度≥5d"，则取定 5d 为直锚长度。在实际工程中，1/2 梁厚一般都能够满足"≥5d"的要求。

以单块板底贯通纵筋的计算为例：

板底贯通纵筋的直段长度＝净跨长度＋两端的直锚长度

2.计算板底贯通纵筋的根数

计算方法和板顶贯通纵筋根数算法是一致的。

按 11G101—1 图集的规定，第一根贯通纵筋在距梁角筋中心 1/2 板筋间距处开始设置。假设梁角筋直径为 25 mm，混凝土保护层为 25 mm，则：

梁角筋中心到混凝土内侧的距离 $a = 25/2 + 25 = 37.5$(mm)

这样，板顶贯通纵筋的布筋范围＝净跨长度＋$a×2$。

在这个范围内除以钢筋的间距,得到的"间隔个数"就是钢筋的根数(因为在施工中,常把钢筋放在每个"间隔"的中央位置)。

◆ **端支座为剪力墙时板底贯通纵筋的计算**

1.计算板底贯通纵筋的长度

具体的计算方法如下。

(1) 先选定直锚长度＝墙厚/2。

(2) 验算选定的直锚长度是否≥5d。若满足"直锚长度≥5d",则没有问题;若不满足"直锚长度≥5d",则取定 5d 为直锚长度。在实际工程中,1/2墙厚一般都能够满足"≥5d"的要求。

以单块板底贯通纵筋的计算为例:

板底贯通纵筋的直段长度＝净跨长度＋两端的直锚长度

2.计算板底贯通纵筋的根数

计算方法和板顶贯通纵筋根数算法是一致的。

◆ **梯形板钢筋计算**

在实际工程中遇到的楼板平面形状大多为矩形板,少有异形板。梯形板的钢筋计算方法如下。

异形板的钢筋计算和矩形板不一样。矩形板的同向钢筋(X 向钢筋或 Y 向钢筋)长度是一样的;而异形板的同向钢筋(例如 X 向钢筋)长度就各不相同,需要每根钢筋分别进行计算。

一块梯形板可被划分为矩形板加上三角形板,于是梯形板钢筋的变长度问题就转化成三角形板的变长度问题,如图 4-27 所示。而计算三角形板的变长度钢筋,可通过相似三角形的对应边成比例的原理来进行计算。

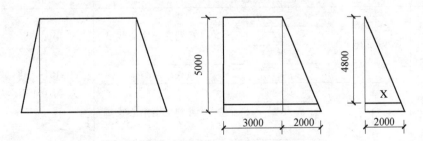

图 4-27　梯形板每根钢筋长度计算分析

◆ **弧形板钢筋计算**

当板的某一边缘线不是直线,而是弧线时,这样的板就变成"弧形板"了。弧形板也是比较常见的一种异形板。钢筋计算方法如下。

（1）图算法原理：对于异形板的钢筋计算，经验丰富的钢筋下料人员常采用"大样图法"。所谓大样图法就是在白纸上或是绘图纸上，采用一定的比例尺，画出实际工程楼板的平面形状。例如：画出楼板内边缘的轮廓线，按照第一根钢筋的位置和钢筋间距画出每一根钢筋的具体位置。画一条线段代表一根钢筋，这条线段同楼板内的边缘轮廓线有两个交点，用比例尺量出两个交点之间的距离，得到的就是这根钢筋的净跨长度，再加上钢筋两端的支座锚固长度，就得到整根钢筋的长度。这就是"图算法"的过程。图算法原理示意图，如图4-28所示。

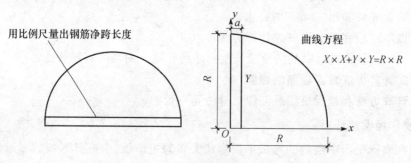

图 4-28　图算法原理示意图

（2）解析算法原理：解析几何即代数几何，基本原理是先求出弧线的代数方程，再求解每根钢筋的长度。

◆ **板底筋计算总结**

板底筋计算总结见表4-5。

表 4-5　板底筋计算总结

板底筋计算总结				出处
长度	端支座	梁	$\geqslant 5d$ 且到支座中心线	11G101—1 图集 第 101 页
		剪力墙		
		圈梁		
		砖墙	$\max(120, h)$	
	中间支座	梁	$\geqslant 5d$ 且到支座中心线	
		剪力墙		
		圈梁		
		砖墙	$\max(120, h)$	
	洞口边	伸到洞口 边弯折	$h - 2 \times 15$（保护层）	11G101—1 图集 第 102 页
根数	起步距离		1/2 板筋间距	

【相关知识】

◆ **板底贯通纵筋的配筋特点**

(1) 横跨一个整跨或几个整跨。

(2) 两端伸至支座梁(墙)的中心线,且直锚长度≥5d。这句话包含以下两种情况之一:

① 伸入支座的直锚长度为 1/2 的梁厚(墙厚),此时已满足≥5d;

② 满足直锚长度≥5d 的要求,此时的直锚长度已大于 1/2 的梁厚(墙厚)。

【实例分析】

【例 4-14】 板 LB1 的集中标注如下。

LB1 h=100

B:X&Y Φ10@150

T:X&Y Φ10@150

这块板 LB1 的尺寸为 7000 mm×6800 mm,X 方向的梁宽度为 280 mm,Y 方向的梁宽度为 240 mm,均为正中轴线。

混凝土强度等级 C25,二级抗震等级。

计算 LB1 板 X 方向的下部贯通纵筋的长度、LB1 板 X 方向的下部贯通纵筋的根数、LB1 板 Y 方向的下部贯通纵筋的长度、LB1 板 Y 方向的下部贯通纵筋的根数。

【解】 (1) 计算 LB1 板 X 方向的下部贯通纵筋的长度。

① 直锚长度=梁宽/2=240/2=120(mm)

② 验算:5d=5×10=50(mm),显然,直锚长度=120 mm>50 mm,满足要求。

③ 下部贯通纵筋的直段长度=净跨长度+两端的直锚长度

$$=(7000-240)+120×2$$
$$=7000(mm)$$

(2) 计算 LB1 板 X 方向的下部贯通纵筋的根数。

梁 KL1 角筋中心到混凝土内侧的距离 a=25/2+25=37.5(mm)

$$板下部贯通纵筋的布筋范围=净跨长度+36×2$$
$$=(6800-280)+37.5×2$$
$$=6595(mm)$$

X 方向的下部贯通纵筋的根数=6595/150=44(根)

(3) 计算 LB1 板 Y 方向的下部贯通纵筋的长度。

$$直锚长度＝梁宽/2＝280/2＝140(mm)$$

下部贯通纵筋的直段长度＝净跨长度＋两端的直锚长度。

$$＝(6800－280)＋140×2$$
$$＝6800(mm)$$

（4）计算 LB1 板 Y 方向的下部贯通纵筋的根数。

梁 KL1 角筋中心到混凝土内侧的距离 $a＝22/2＋25＝36(mm)$

$$板下部贯通纵筋的布筋范围 ＝净跨长度＋36×2$$
$$＝(7000－240)＋36×2$$
$$＝6832(mm)$$

Y 方向的下部贯通纵筋的根数＝6832/150＝46(根)

【例 4-15】 板 LB1 的集中标注如下。

LB1 $h＝100$

B：X＆Y ⏀8@150

T：X＆Y ⏀8@150

这块板 LB1 的尺寸为 4000 mm×7000 mm，板左边的支座为框架梁 KL1（300 mm×700 mm），其余三边均为剪力墙结构（厚度为 350 mm），在板中距上边梁 2000 mm 处有一道非框架梁 L1（300 mm×500 mm）。

混凝土强度等级 C25，二级抗震等级。

计算 LB1 板 X 方向的下部贯通纵筋的长度、LB1 板 X 方向的下部贯通纵筋的根数、LB1 板 Y 方向的下部贯通纵筋的长度、LB1 板 Y 方向的下部贯通纵筋的根数。

【解】 （1）计算 LB1 板 X 方向的下部贯通纵筋的长度。

① 左支座直锚长度＝墙厚/2＝350/2＝175(mm)

右支座直锚长度＝墙厚/2＝300/2＝150(mm)

② 验算：$5d＝5×8＝40(mm)$，显然，直锚长度＝150 mm＞40 mm，满足要求。

③ 上部贯通纵筋的直段长度＝净跨长度＋两端的直锚长度

$$＝(4000－175－150)＋175＋150$$
$$＝4000(mm)$$

（2）计算 LB1 板 X 方向的下部贯通纵筋的根数。

左板的根数 ＝（5000－175－150＋21＋33)/150 ＝ 32(根)

右板的根数 ＝（2000－150－175＋33＋21)/150 ＝ 12(根)

所以，LB1 板 X 方向的下部贯通纵筋的根数＝32＋12＝44(根)

（3）计算 LB1 板 Y 方向的下部贯通纵筋的长度。

$$直锚长度 ＝ 墙厚/2 ＝ 350/2 ＝ 175(mm)$$

下部贯通纵筋的直段长度＝净跨长度＋两端的直锚长度

$$=(7000-175-175)+175\times2$$

$$=7000(\text{mm})$$

（4）计算 LB1 板 Y 方向的下部贯通纵筋的根数。

板下部贯通纵筋的布筋范围＝净跨长度＋36＋21

$$=(4000-150-175)+36+21$$

$$=3732(\text{mm})$$

Y 方向的下部贯通纵筋的根数＝3732/150＝25（根）

【例 4-16】 半圆弧和 1/4 圆弧的解法。

半圆弧和 1/4 圆弧有一个共同的特点,那就是其弓高都等于半径。也就是说,在弓形板中最长的钢筋直径等于半径,从这根最长的钢筋出发,可以推导出"下一根"钢筋的计算过程。

当以圆心为原点时,半径为 R 的圆的方程是:

$$X\times X+Y\times Y=R\times R \tag{4-1}$$

当 $X=0$ 时,得到 $Y=R$,也就是弓高(即最长的钢筋)的长度。

当 X 发生一个偏移 a(一个间距)时,把 $X=a$ 代入式(4-1),得到

$$Y\times Y=R\times R-a\times a$$

$$Y=\text{sqrt}(R\times R-a\times a)\quad(\text{其中的 sqrt 是求平方根})$$

如果要计算第二个间距处的钢筋长度,把 $X=2a$ 代入式(4-1),得到

$$Y=\text{sqrt}[R\times R-(2a)\times(2a)]$$

于是,我们得出计算第 n 个间距处的钢筋长度的通用公式:

$$Y=\text{sqrt}[R\times R-(na)\times(na)]$$

【例 4-17】 普通圆弧的解法如下。

模仿上面的算法,只把圆的方程改变一下。

当弓形的弓高小于半径 R 时,设弓高＝$R-b$。

即当 $X=0$ 时,得到 $Y=R-b$。

则此时的圆方程为:

$$X\times X+(Y+b)\times(Y+b)=R\times R \tag{4-2}$$

这个方程可以由式(4-1)所表示的图形进行坐标变换而得到,即把 X 轴向上平移 b 的距离,就可以由式(4-1)得到式(4-2)。

如果要验证式(4-2)的正确性,可以把 $X=0$ 代入式(4-2),得到

$$Y+b=R$$

$$Y=R-b$$

这就是弓高(即最长的钢筋)的长度。

当 X 发生一个偏移 a(一个间距)时,把 $X=a$ 代入式(4-2),得到

$$(Y+b) \times (Y+b) = R \times R - a \times a$$
$$Y = \text{sqrt}(R \times R - a \times a) - b$$

若要计算第二个间距处的钢筋长度，把 $X = 2a$ 代入式（4-2），得到

$$Y = \text{sqrt}[R \times R - (2a) \times (2a)] - b$$

于是可以得到计算第 n 个间距处的钢筋长度的通用公式：

$$Y = \text{sqrt}[R \times R - (na) \times (na)] - b$$

分支三　板顶筋钢筋

【要　　点】

本分支主要介绍端部锚固构造及根数构造、板顶贯通筋中间连接（相邻跨配筋相同）、板顶贯通筋中间连接（相邻跨配筋不同）、端支座为梁时板顶贯通纵筋的计算、端支座为剪力墙时板顶贯通纵筋的计算的板顶筋计算总结等内容。

【解　　释】

◆ 端部锚固构造及根数构造

端部锚固构造及根数构造见表 4-6。

表 4-6　板顶筋端部锚固构造

平法施工图：

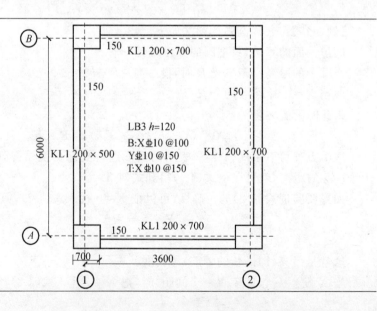

钢筋构造要点：

（1）板顶支座内锚 l_a。

（2）钢筋起步距离：1/2 板筋间距，板钢筋布置到支座边

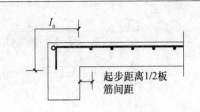

◆ **板顶贯通筋中间连接**（相邻跨配筋相同）

板顶贯通筋中间连接构造见表 4-7。

表 4-7 板顶贯通筋中间连接构造

平法施工图：

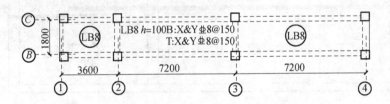

钢筋构造要点：

（1）板顶贯通的连接区域为跨中 $l/2$（l 为相邻跨较大跨的轴线尺寸）。

（2）预算时，一般按定尺长度计算接头

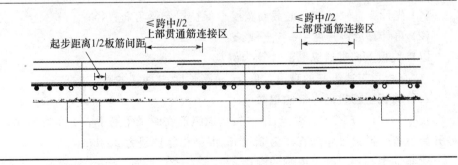

◆ **板顶贯通筋中间连接**（相邻跨配筋不同）

板顶贯通筋中间连接构造见表 4-8。

表 4-8　板顶贯通筋中间连接构造

平法施工图：

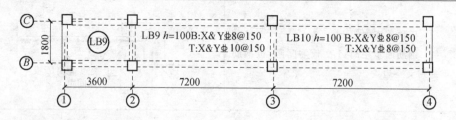

钢筋构造要点：

相邻两跨板顶贯通配筋不同时,配筋较大的伸至配筋较小的跨中 $l/3$ 范围内连接

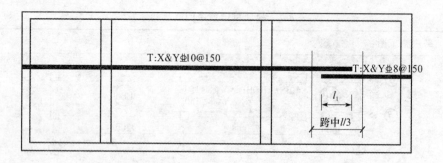

◆ 端支座为梁时板顶贯通纵筋的计算

1. 计算板顶贯通纵筋的长度

板顶贯通纵筋两端伸入梁外侧角筋的内侧,弯锚长度为 l_a。具体计算方法是：

（1）先计算直锚长度＝梁截面宽度－保护层－梁角筋直径；

（2）再计算弯钩长度＝l_a－直锚长度。

以单块板上部贯通纵筋的计算为例：

板顶贯通纵筋的直段长度 ＝ 净跨长度＋两端的直锚长度

2. 计算板上部贯通纵筋的根数

按 11G101—1 图集的规定,第一根贯通纵筋在距梁角筋中心 1/2 板筋间距处开始设置。假设梁角筋直径为 25 mm,混凝土保护层为 25 mm,则：

梁角筋中心到混凝土内侧的距离 $a=25/2+25=37.5$（mm）

这样,板顶贯通纵筋的布筋范围＝净跨长度＋$a\times2$。

在这个范围内除以钢筋的间距,得到的"间隔个数"就是钢筋的根数,因为在施工中,常把钢筋放在每个"间隔"的中央位置。

◆ 端支座为剪力墙时板顶贯通纵筋的计算

1.计算板顶贯通纵筋的长度

板顶贯通纵筋两端伸入梁外侧角筋的内侧,弯锚长度为 l_a。具体计算方法是:

(1)先计算直锚长度＝梁截面宽度－保护层－梁角筋直径;

(2)再计算弯钩长度＝l_a－直锚长度。

以单块板上部贯通纵筋的计算为例:

板顶贯通纵筋的直段长度 ＝ 净跨长度 ＋ 两端的直锚长度

2.计算板顶贯通纵筋的根数

按照 11G101—1 图集的规定,第一根贯通纵筋在距墙身水平分布筋中心为 1/2 板筋间距处开始设置。假设墙身水平分布筋直径为 12 mm,混凝土保护层为 15 mm,则:

墙身水平分布筋中心到混凝土内侧的距离 $a=12/2+15=21$(mm)

这样,板顶贯通纵筋的布筋范围＝净跨长度＋$a×2$。

在这个范围内除以钢筋的间距,得到的"间隔个数"就是钢筋的根数,因为在施工中,常把钢筋放在每个"间隔"的中央位置。

◆ 板顶筋计算总结

板顶筋计算总结见表 4-9。

表 4-9　板顶筋计算总结

板顶筋计算总结				出处
长度	两端支座锚固	梁	l_a	11G101—1 图集第 92 页
		剪力墙		
		圈梁		
	连接	跨中 $l_{n/2}$		
	洞口边	伸到洞口边弯折	$h—2×15$(保护层)	11G101—1 图集第 102 页
	支座负筋替代板顶筋分布筋	双层配筋的板上又配置支座钢负筋时,支座负筋可替代同行的板顶筋分布筋		
根数	起步距离	1/2 板筋间距		11G101—1 图集第 92 页

【相关知识】

◆ 板顶贯通纵筋的配筋特点

(1)横跨一个整跨或几个整跨。

(2)两端伸至支座梁(墙)外侧纵筋的内侧,弯锚长度为 l_a。

◆ 板顶筋与板底筋的区别

板顶筋与板底筋的区别见表 4-10。

表 4-10　板顶筋与板底筋的区别

	锚固长度	连接方式
板底筋	$\geqslant 5d$ 且到支座中心线	按板块分跨计算
板顶筋	l_a	可贯通计算

【实例分析】

【例 4-18】　如图 4-29 所示,板 LB1 的集中标注为:

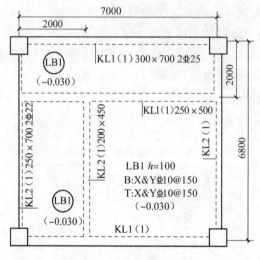

图 4-29　例 4-18 题图

LB1 $h = 100$

B:X&Y ⊈ 10@150

T:X&Y ⊈ 10@150

这块板 LB1 的尺寸为 7000 mm×6800 mm,X 方向的梁宽度为 340 mm,Y 方向的梁宽度为 300 mm,均为正中轴线。X 方向的 KL1 上部纵筋直径为 24 mm,Y 方向的 KL2 上部纵筋直径为 20 mm。

计算 LB1 板 X 方向的上部贯通纵筋的长度、LB1 板 X 方向的上部贯通纵筋的根数、LB1 板 Y 方向的上部贯通纵筋的长度、LB1 板 Y 方向的上部贯通纵筋的根数。

【解】　(1)计算 LB1 板 X 方向的上部贯通纵筋的长度。

支座直锚长度＝梁宽－保护层－梁角筋直径＝$300-24-20=256$(mm)

弯钩长度＝l_a－直锚长度＝$27d-256=27\times10-256=14$(mm)

上部贯通纵筋的直段长度＝净跨长度＋两端的直锚长度

$$=(7000-300)+256\times2=7212(mm)$$

（2）计算 LB1 板 X 方向的上部贯通纵筋的根数。

板上部贯通纵筋的布筋范围＝净跨长度＋37.5×2

$$=(6800-340)+37.5\times2=6535(mm)$$

X 方向的上部贯通纵筋的根数＝$6535/150=44$（根）

（3）计算 LB1 板 Y 方向的上部贯通纵筋的长度。

支座直锚长度＝梁宽－保护层－梁角筋直径＝$340-24-20=296$(mm)

弯钩长度＝l_a－直锚长度＝$27d-250=27\times10-296=-26$(mm)

因为弯钩长度等于负数，说明这种计算是错误的，也就是说，这根钢筋不应该弯钩。

计算出来的支座长度＝296 mm 已经大于 $l_a[27\times10=270(mm)]$，所以，这根上部贯通纵筋在支座的直锚长度就取定为 216 mm，不设弯钩。

上部贯通纵筋的直段长度＝净跨长度＋两端的直锚长度

$$=(6800-340)+270\times2=7000(mm)$$

（4）计算 LB1 板 Y 方向的上部贯通纵筋的根数。

板上部贯通纵筋的布筋范围＝净跨长度＋36×2

$$=(7000-300)+36\times2=6772(mm)$$

Y 方向的上部贯通纵筋的根数＝$6772/150=46$（根）

【例 4-19】　如图 4-30 所示，板 LB1 的集中标注如下。

LB1 $h=100$

B：X & Y $\underline{\Phi}$ 8@150

T：X & Y $\underline{\Phi}$ 8@150

图中 LB1 的尺寸为 4000 mm×7000 mm，板左边的支座为框架梁 KL1（250 mm×700 mm），其余三边均为剪力墙结构（厚度为 300 mm），在板中距上边梁 2100 mm 处有一道非框架梁 L1（300 mm×500 mm）。

混凝土强度等级 C25，二级抗震等级。墙身水平分布筋直径为 15 mm，KL1 上部纵筋直径为 20 mm。

计算 LB1 板 X 方向的上部贯通纵筋的长度、LB1 板 X 方向的上部贯通纵筋的根数、LB1 板 Y 方向的上部贯通纵筋的长度、LB1 板 Y 方向的上部贯通纵筋的根数。

【解】　（1）计算 LB1 板 X 方向的上部贯通纵筋的长度。

① 由于左支座为框架梁、右支座为剪力墙，所以两个支座锚固长度要分别

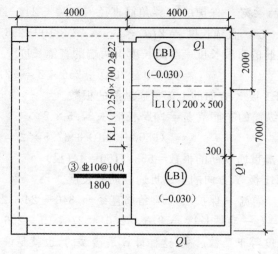

图 4-30　例 4-19 题图

进行计算。

左支座直锚长度 ＝梁宽 － 保护层 － 梁角筋直径 ＝ 250 － 25 － 22 ＝ 203(mm)

右支座直锚长度 ＝墙厚度 － 保护层 － 墙身水平分布筋直径

$$=300-15-15=270\ (\text{mm})$$

② 由于在①中计算出来的右支座长度 ＝ 270 mm，已经大于 l_a［$27 \times 8 = 216(\text{mm})$］，所以，这根上部贯通纵筋在右支座的直锚长度就取定为 216 mm，不设弯钩。

左支座弯钩长度 ＝l_a － 直锚长度 ＝$27d$ － 203 ＝ 27×8 － 203 ＝ 13(mm)

③ 上部贯通纵筋的直段长度 ＝净跨长度 ＋两端的直锚长度

$$=(4000-125-150)+203+216=4144(\text{mm})$$

（2）计算 LB1 板 X 方向的上部贯通纵筋的根数。

板上部贯通纵筋的布筋范围 ＝净跨长度 ＋ 21 × 2

$$=(7000-300)+21 \times 2$$

$$=6742\ (\text{mm})$$

X 方向的上部贯通纵筋的根数 ＝6742/150＝45（根）

（3）计算 LB1 板 Y 方向的上部贯通纵筋的长度。

① 左、右支座均为剪力墙，则：

支座直锚长度 ＝墙厚度 － 保护层 － 墙身水平分布筋直径

$$=300-15-15=270(\text{mm})$$

② 由于在①中计算出来的右支座长度 ＝ 270 mm，已经大于 l_a［$27 \times 8 = 216(\text{mm})$］，所以，这根上部贯通纵筋在右支座的直锚长度可取定为 216 mm，不设弯钩。

③ 上部贯通纵筋的直段长度＝净跨长度＋两端的直锚长度

$$＝(7000-150-150)+216×2$$

$$＝7132(mm)$$

（4）计算 LB1 板 Y 方向的上部贯通纵筋的根数。

板上部贯通纵筋的布筋范围＝净跨长度＋36＋21

$$＝(4000-125-150)+36+21$$

$$＝3782(mm)$$

Y 方向的上部贯通纵筋的根数＝3782/150＝26(根)

【例 4-20】 如图 4-31 所示,板 LB1 的集中标注如下。

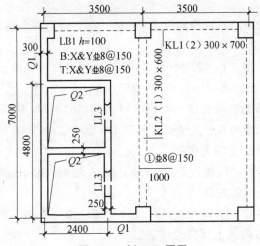

图 4-31 例 4-20 题图

LB1　$h=100$

B：X&YΦ10@150

T：X&YΦ10@150

图中这块板 LB1,是一块"刀把形"的楼板,板的大边尺寸为 3500 mm×7000 mm,在板的左下角有两个并排的电梯井(尺寸为 2400 mm×4800 mm)。该板上边的支座为框架梁 KL1(300 mm×700 mm),右边的支座为框架梁 KL2(300 mm×600 mm),板的其余各边均为剪力墙结构(厚度为 300 mm)。

混凝土强度等级 C25,二级抗震等级。墙身水平分布筋直径为 15 mm,KL2上部纵筋直径为 20 mm。

计算 X 方向的上部贯通纵筋和 Y 方向的上部贯通纵筋。

【解】 （1）计算 X 方向的上部贯通纵筋。

1）长筋。

① 钢筋长度的计算:轴线跨度 3500 mm;左支座为剪力墙,厚度 300 mm;右

支座为框架梁,宽度 300 mm。

左支座直锚长度 $=l_a=27d=27\times10=270$(mm)

右支座直锚长度 $=300-25-22=253$(mm)

上部贯通纵筋的直段长度 $=(3500-150-125)+270+253=3748$(mm)

右支座弯钩长度 $=l_a-$ 直锚长度 $=27d-203=27\times10-253=17$(mm)

上部贯通纵筋的左端无弯钩。

② 钢筋根数的计算:轴线跨度 2200 mm;左端到 300 mm 剪力墙的右侧;右端到 300 mm 框架梁的左侧。

钢筋根数 $=[(2200-150-150)+21+37.5]/150=14$(根)

2) 短筋。

① 钢筋长度的计算:轴线跨度 1100 mm;左支座为剪力墙,厚度 300 mm;有支座为框架梁,宽度 300 mm。

左支座直锚长度 $=l_a=27d=27\times10=270$(mm)

右支座直锚长度 $=300-25-20=255$(mm)

上部贯通纵筋的直段长度 $=(1100-150-150)+270+255=1325$(mm)

右支座弯钩长度 $=l_a-$ 直锚长度 $=27d-255=27\times10-255=15$(mm)

上部贯通纵筋的左端无弯钩。

② 钢筋根数的计算:轴线跨度 4800 mm;左端到 300 mm 剪力墙的右侧;右端到 300 mm 剪力墙的左侧。

钢筋根数 $=[(4800-150-150)+21-21]/150=30$(根)

(2) 计算 Y 方向的上部贯通纵筋。

1) 长筋。

① 钢筋长度的计算:轴线跨度 7000 mm;左支座为剪力墙,厚度 300 mm;右支座为框架梁,宽度 300 mm。

左支座直锚长度 $=l_a=27d=27\times10=270$(mm)

右支座直锚长度 $=l_a=27d=27\times10=270$(mm)

上部贯通纵筋的直段长度 $=(7000-150-150)+270+270=7240$(mm)

上部贯通纵筋的两端无弯钩。

② 钢筋根数的计算:轴线跨度 1100 mm;左支座为剪力墙,厚度 300 mm;右支座为框架梁,宽度 300 mm。

钢筋根数 $=[(1100-150-150)+21+36]/150=6$(根)

2) 短筋。

① 钢筋长度的计算:轴线跨度 2200 mm;左支座为剪力墙,厚度 300 mm;右支座为框架梁,宽度 300 mm。

左支座直锚长度 $=l_a=27d=27\times10=270$(mm)

右支座直锚长度＝l_a＝27d＝27×10＝270(mm)

上部贯通纵筋的直段长度＝(2200－150－150)＋270＋270＝2440(mm)

上部贯通纵筋的两端无弯钩。

② 钢筋根数的计算：轴线跨度2400 mm；左支座为剪力墙，厚度300 mm；右支座为框架梁，宽度250 mm。

钢筋根数＝[(2400－150＋150)＋21－21]/150＝16(根)

分支四　其他钢筋

【要　　点】

本分支主要介绍中间支座负筋一般构造、支座负筋计算总结及扣筋的计算方法等内容。

【解　　释】

◆ 中间支座负筋一般构造

中间支座负筋一般构造见表4-11。

表4-11　中间支座负筋一般构造

平法施工图：

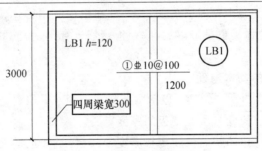

图中未注明分布筋为Φ6@200

钢筋构造要点：

(1) 中间支座负筋的延伸长度是指自支座中心线向跨内的长度。

(2) 弯折长度为h为15，也就是板厚减一个保护层。

(3) 支座负筋分布筋如下。

长度：支座负筋的布置范围。

根数：从梁边起步布置

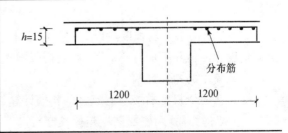

◆ **支座负筋计算总结**

支座负筋计算总结见表 4-12。

表 4-12 支座负筋计算总结

支座负筋总结			
中间支座	基本公式＝延伸长度＋弯折	延伸长度	自支座中心线向跨内的延伸长度
		弯折长度	$h-15$
	转角处分布筋扣减	分布筋和与之相交的支座负筋搭接 150 mm	
	两侧与不同长度的支座负筋相交	其两侧分布筋分别按各自的相交情况计算	
	丁字相交	支座负筋遇丁字相交不空缺	
	板顶筋替代分布筋	双层配筋，又配置支座负筋时，板顶可替代同向的负筋分布筋	
端支座负筋	基本公式＝延伸长度＋弯折	延伸长度	自支座中心线向跨内的延伸长度
		弯折长度	$h-15$
跨板支座负筋	跨长＋延伸长度＋弯折		

◆ **扣筋的计算方法**

扣筋是指板支座上部非贯通筋，是一种在板中应用得比较多的钢筋。在一个楼层中，扣筋的种类也是最多的，故在板钢筋计算中，扣筋的计算占了相当大的比重。

1. 扣筋计算的基本原理

扣筋的形状为"⌐￣￣￣⌐"形，包括两条腿和一个水平段。

(1) 扣筋腿的长度与所在楼板的厚度有关。

① 单侧扣筋：扣筋腿的长度＝板厚度－15（可把扣筋的两条腿采用同样的长度）

② 双侧扣筋（横跨两块板）：扣筋腿 1 的长度＝板 1 的厚度－15

扣筋腿 2 的长度＝板 2 的厚度－15

(2) 扣筋的水平段长度可以根据扣筋延伸长度的标注值来计算。若只根据延伸长度标注值还不能计算的话，则还需依据平面图板的相关尺寸进行计算。

2. 最简单的扣筋计算

横跨在两块板中的"双侧扣筋"的扣筋计算如下。

(1) 双侧扣筋（两侧都标注延伸长度）：

扣筋水平段长度＝左侧延伸长度＋右侧延伸长度

（2）双侧扣筋（单侧标注延伸长度）表明该扣筋向支座两侧对称延伸，其计算公式为：

扣筋水平段长度＝单侧延伸长度×2

3. 需要计算端支座部分宽度的扣筋计算

单侧扣筋，一端支承在梁（墙）上，另一端伸到板中，其计算公式为：

扣筋水平段长度＝单侧延伸长度＋端部梁中线至外侧部分长度

4. 横跨两道梁的扣筋计算（贯通短跨全跨）

（1）在两道梁之外都有延伸长度：

扣筋水平段长度＝左侧延伸长度＋两梁的中心间距＋右侧延伸长度

（2）仅在一道梁之外有延伸长度：

扣筋水平段长度＝单侧延伸长度＋两梁的中心间距＋端部梁中线至外侧部分长度

其中：

端部梁中线至外侧部分的扣筋长度＝梁宽度/2－保护层－梁纵筋直径

5. 贯通全悬挑长度的扣筋计算

贯通全悬挑长度的扣筋的水平段长度计算公式如下：

扣筋水平段长度＝跨内延伸长度＋梁宽/2＋悬挑板的挑出长度－保护层

6. 扣筋分布筋的计算

（1）扣筋分布筋根数的计算原则。

① 扣筋拐角处必须布置一根分布筋。

② 在扣筋的直段范围内按照分布筋间距进行布筋。板分布筋的直径和间距在结构施工图的说明中有明确的规定。

③ 当扣筋横跨梁（墙）支座时，在梁（墙）宽度范围内不布置分布筋，这时应分别对扣筋的两个延伸净长度计算分布筋的根数。

（2）扣筋分布筋的长度。

扣筋分布筋的长度无需按全长计算。因为，在楼板角部矩形区域，横竖两个方向的扣筋相互交叉，互为分布筋，所以这个角部矩形区域不应再设置扣筋的分布筋，否则，四层钢筋交叉重叠在一块，混凝土无法覆盖住钢筋。

7. 一根完整的扣筋的计算过程

（1）计算扣筋的腿长。若横跨两块板的厚度不同，则扣筋的两腿长度要分别进行计算。

（2）计算扣筋的水平段长度。

（3）计算扣筋的根数。若扣筋的分布范围为多跨，也还需"按跨计算根数"，相邻两跨之间的梁（墙）上不布置扣筋。

（4）计算扣筋的分布筋。

【相关知识】

◆ 板顶筋替代支座负筋分布筋

板顶筋替代支座负筋分布筋见表 4-13。

表 4-13 板顶筋替代支座负筋分布筋

平法施工图：

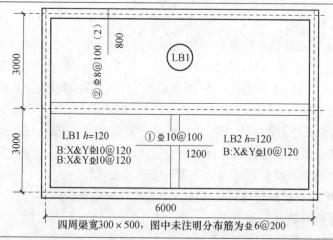

四周梁宽300×500，图中未注明分布筋为Φ6@200

钢筋构造要点：板顶筋和支座负筋交叉，板顶筋替代支座负筋分布筋

【实例分析】

【例 4-21】 一根横跨一道框架梁的双侧扣筋③号钢筋，扣筋的两条腿分别伸到 LB1 和 LB2 两块板中（图 4-32）。

在扣筋的上部标注：③Φ12@150

在扣筋下部的左侧标注：1600

在扣筋下部的右侧标注：1200

计算图 4-32 所示③号扣筋的水平段长度。

【解】 ③号扣筋的水平段长度＝1600＋1200＝2800（mm）

【例 4-22】 一根横跨一道框架梁的双侧扣筋②号钢筋，扣筋的两条腿分别伸到 LB1 和 LB2 两块板中（图 4-32）。

在扣筋的上部标注：②Φ10@100

在扣筋下部的右侧标注：1600

而在扣筋下部的左侧为空白，没有尺寸标注

计算图 4-32 所示②号扣筋的水平段长度。

【解】 ②号扣筋的水平段长度＝1600×2＝3200（mm）

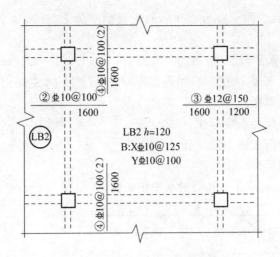

图 4-32　例 4-21、例 4-22 题图

【例 4-23】　图 4-33 边梁 KL2 上的单侧扣筋①号钢筋。

在扣筋的上部标注：①⸺8@150

在扣筋的下部标注：1200

计算图 4-33 所示①号扣筋的水段长度。

【解】　表示这个编号为①号的扣筋，规格和间距为⸺8@150，从梁中线向跨内的延伸长度为 1200 mm（图 4-33）。

根据 11G101—1 图集规定的板在端部支座的锚固构造，板上部受力纵筋伸到支座梁外侧角筋的内侧，则：

板上部受力纵筋在端支座的直锚长度＝梁宽度－保护层－梁纵筋直径

端部梁中线至外侧部分的扣筋长度＝梁宽度/2－保护层－梁纵筋直径

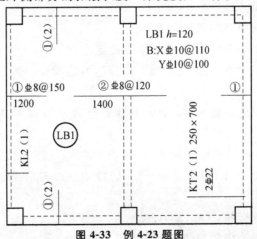

图 4-33　例 4-23 题图

边框架梁 KL3 的宽度为 250 mm,梁保护层为 25 mm,梁上部纵筋的直径为 22 mm,则:

$$扣筋水平段长度＝1200＋(250/2－25－22)＝1278(mm)$$

【例 4-24】 图 4-34 的④号扣筋横跨两道梁(图 4-34 左端)。

在扣筋的上部标注:④Φ 10@100(2)

在扣筋下端延伸长度标注:1800

在扣筋横跨两梁的中段没有尺寸标注

在扣筋上端延伸长度标注:1600

计算图 4-34 所示④号扣筋的水平段长度。

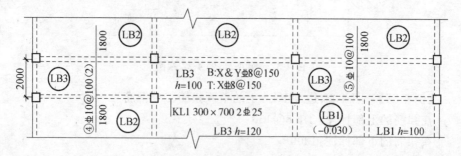

图 4-34 例 4-24、例 4-25 题图

【解】 因两道梁都是"正中轴线",所以这两道梁中心线的距离就是轴线距离 2000。所以:

$$④号扣筋的水平段长度＝1800＋2000＋1800＝5600(mm)。$$

【例 4-25】 图 4-34 的⑤号扣筋横跨两道梁(图 4-34 右端)。

在扣筋的上部标注:⑤Φ 10@100

在扣筋上端延伸长度标注:1800

在扣筋横跨两梁之间没有尺寸标注

计算图 4-34 所示⑤号扣筋的水平段长度。

【解】 这两道梁都是"正中轴线",所以这两道梁中心线的距离就是轴线之间的距离 2000。

这两道框架梁的宽度为 300 mm,梁保护层为 25 mm,梁上部纵筋的直径为 25 mm,则:

$$⑤号扣筋的水平段长度＝1800＋2000＋(300/2－25－25)＝3900(mm)$$

【例 4-26】 如图 4-35 所示,①号扣筋覆盖整个延伸悬挑板,其原位标注如下。

在扣筋的上部标注:①Φ 12@150

在扣筋下部向跨内的延伸长度标注为:2400

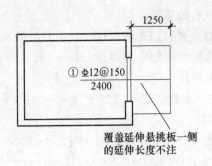

图 4-35　例 4-26 题图

覆盖延伸悬挑板一侧的延伸长度不作标注(图 4-35)

计算图 4-35 所示⑤号扣筋的水平段长度。

【解】　悬挑板的挑出长度(净长度)为 1250 mm,悬挑板的支座梁宽为 300 mm,则:

$$扣筋水平段长度＝2400＋300/2＋1250－15＝3785(mm)$$

【例 4-27】　如图 4-36 所示,一根横跨一道框架梁的双侧扣筋③号钢筋,扣筋的两条腿分别伸到 LB1 和 LB2 两块板中,LB1 的厚度为 110 mm,LB2 的厚度为 100 mm。

在扣筋的上部标注:③⊕10@150(2)

在扣筋下部的左侧标注:1600

在扣筋下部的右侧标注:1400

扣筋标注的所在跨及相邻跨的轴线跨度都是 3600 mm,两跨之间的框架梁 KL5 宽度为 250 mm,均为正中轴线。扣筋分布筋为⊕8@250。

计算扣筋的腿长、扣筋的水平段长度、扣筋的根数及扣筋的分布筋。

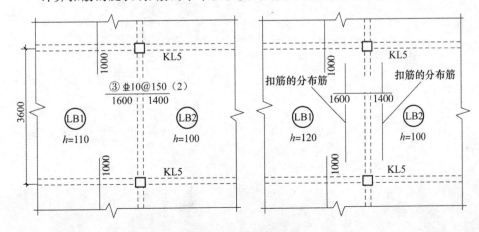

图 4-36　例 4-27 题图

【解】 (1) 计算扣筋的腿长。

扣筋腿 1 的长度＝LB1 的厚度－15＝110－15＝95(mm)

扣筋腿 2 的长度＝LB2 的厚度－15＝100－15＝85(mm)

(2) 计算扣筋的水平段长度。

扣筋水平段长度＝1600＋1400＝3000(mm)

(3) 扣筋的根数。

每跨的轴线跨度为 3600,净跨度为 3600－250＝3350(mm)

单跨的扣筋根数＝(3350－50×2)/150＋1＝22＋1＝23(根)

两跨的扣筋根数＝23×2＝46(根)

(4) 扣筋的分布筋。

扣筋分布筋长度的基数为 3350 mm,还要减去另向扣筋的延伸净长度,然后加上搭接长度 150 mm。

若另向扣筋的延伸长度是 1000 mm,则延伸净长度＝1000－125＝875(mm),

则扣筋分布筋长度＝3350－875×2＋150×2＝1900(mm)

计算扣筋分布筋的根数:

扣筋左侧的分布筋根数＝(1600－125)/250＋1＝6＋1＝7(根)

扣筋右侧的分布筋根数＝(1400－125)/250＋1＝6＋1＝7(根)

所以,扣筋分布筋的根数＝7＋7＝14(根)。

第五章 剪力墙构件

本章知识体系

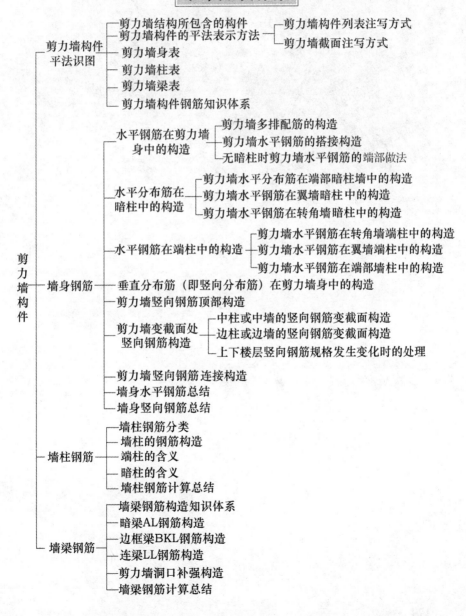

◆ 知识树 1——剪力墙构件平法识图

◆ 知识树 2——墙身钢筋

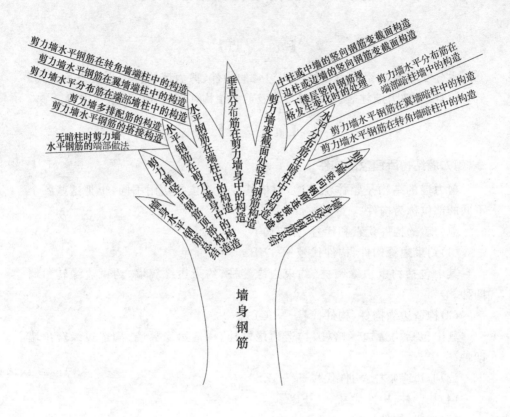

分支一　剪力墙构件平法识图

【要　　点】

本分支主要介绍剪力墙结构所包含的构件、剪力墙构件的平法表达方式、剪力墙身表、剪力墙柱表、剪力墙梁表及剪力墙构件钢筋知识体系等内容。

【解　　释】

◆ **剪力墙结构所包含的构件**

剪力墙的结构是整体浇灌的,但依其各个部位的功用不同,也把这些各个不同的部位称为构件。

剪力墙的构件元素和代号,介绍如下。

(1)约束边缘构件,构件代号——YBZ。

其中包括约束边缘暗柱、约束边缘端柱、约束边缘翼墙、约束边缘转角墙四种。

(2)构造边缘构件,构件代号——GBZ。

其中包括构造边缘暗柱、构造边缘端柱、构造边缘翼墙、构造边缘转角墙四种。

(3)非边缘暗柱,构件代号——AZ。

(4)扶壁柱,构件代号——FBZ。

(5)连梁,构件代号——LL。

(6)暗梁,构件代号——AL。

(7)边框梁,构件代号——BKL。

(8)其他构件等。

剪力墙结构施工图中的墙线条,根据需要可绘制成单粗线条,也可绘制成双线条。剪力墙结构施工图,如图 5-1 所示。

在图 5-1 的剪力墙结构施工图中,所标注的构件代号均为"构造"构件。图中标注的构件代号有:YBZ1、YBZ2——约束边缘构件;LL2、LL3——连梁;Q1——1 号剪力墙。

在图 5-1 中,对剪力墙中的各个构件,只标注了各自的代号和序号。这样的标注,可配合绘制相应的表格,列出施工材料、尺寸和规格等内容,见表 5-1。

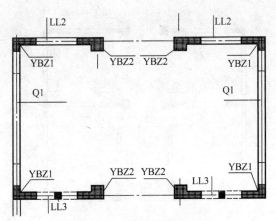

图 5-1　剪力墙结构施工简图

表 5-1　剪力墙身表

编号	标高	墙厚	水平分布筋	垂直分布筋	拉筋（双向）
Q1	−0.030～30.270	300	Φ12@200	Φ12@200	ϕ6@600@600
	30.270～59.070	250	Φ10@200	Φ10@200	ϕ6@600@600
Q2	−0.030～30.270	250	Φ10@200	Φ10@200	ϕ6@600@600
	30.270～59.070	200	Φ10@200	Φ10@200	ϕ6@600@600

　　如果剪力墙的图形比较大，也可在墙的旁边进行原位标注，如图 5-2 所示。若另外还有相同代号及其序号的剪力墙，就只需标注代号及其序号。

　　当平面的比例画得很小时，墙就用粗的单线条来表示，如图 5-3 所示。

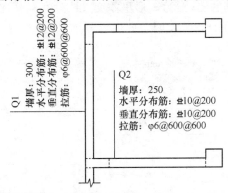

图 5-2　剪力墙原位标注

　　在剪力墙中构筑的洞口中，有"圆形洞口"和"矩形洞口"之分。"圆形洞口"的代号是"YD"；"矩形洞口"的代号是"JD"，如图 5-4 所示。图 5-5 和图 5-6，都是洞口的原位标注方法。

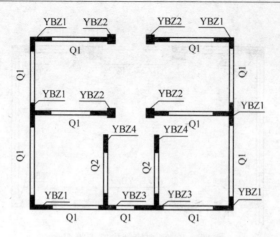

图 5-3　小比例剪力墙单线平面图

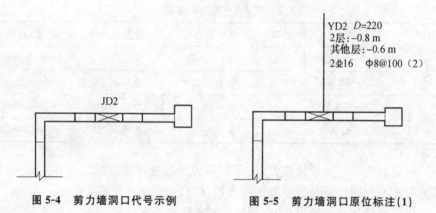

图 5-4　剪力墙洞口代号示例

图 5-5　剪力墙洞口原位标注(1)

　　图 5-7 较小比例的图(图为矩形里添交叉线)中,只标注了代号及其序号,这时,就可以辅以表格的形式,说明它的内容要求,见表 5-2。

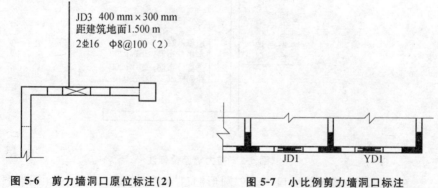

图 5-6　剪力墙洞口原位标注(2)

图 5-7　小比例剪力墙洞口标注

表 5-2　剪力墙洞口表

编 号	洞口(直径/宽×高)	洞底标高	层 数
YD1	$D=200\ mm$	距建筑地面 1.800 m	一层至十二层
JD1	400 mm×300 mm	距建筑地面 1.500 m	二层至十一层

在非剪力墙结构的平面图中,窗户部位通常是标注窗户的代号,如图5-8所示。但是,在剪力墙的平面图中,则需要标注剪力墙的墙梁的代号及其序号,以及所在层数、墙梁的高度和长度、所用钢筋的强度等级及其直径和箍筋间距肢数,上下纵筋的数量、钢筋强度等级及其直径。

在图5-9较小比例的图中,只标注了代号及其序号,这时,则可辅以表格的形式,来说明它的内容要求。参看连梁表5-3。

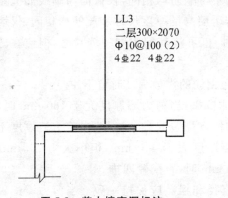

图 5-8　剪力墙窗洞标注

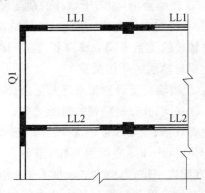

图 5-9　小比例剪力墙与连续梁连接标注

表 5-3　连梁表

编号	梁截面($b×h$)	上部纵筋	下部纵筋	箍筋
LL1	250×1200	4 Φ 20	4 Φ 20	ϕ10@100(2)
LL2	300×1770	4 Φ 22	4 Φ 22	ϕ10@150(2)

◆ 剪力墙构件的平法表示方法

1. 剪力墙构件列表注写方式

剪力墙可视为由剪力墙柱、剪力墙身和剪力墙梁三类构件组成。

列表注写方式,系分别在剪力墙柱表、剪力墙身表和剪力墙梁表中,对应于剪力墙平面布置图上的编号,用绘制截面配筋图并注写几何尺寸与配筋具体数值的方式,来表示剪力墙平法施工图(见 11G101—1 图集第 21、22 页图)。

编号规定:将剪力墙按剪力墙柱、剪力墙身、剪力墙梁(简称为墙柱、墙身、墙梁)三类构件分别编号。

2. 剪力墙截面注写方式

剪力墙截面注写方式,系在分标准层绘制的剪力墙平面布置图上,以直接在墙柱、墙梁、墙身上注写截面尺寸和配筋具体数值的方式,来表达剪力墙平法施工图。见 11G101—1 图集第 23 页图。

◆ **剪力墙身表**

剪力墙身表中表达的内容如下。

(1)注写墙身编号。墙身编号,由墙身代号、序号以及墙身所配置的水平与竖向分布钢筋的排数组成,其中,排数注写在括号内,表达形式为 Q××(×排)。

① 在编号中:如若干墙柱的截面尺寸与配筋均相同,仅截面与轴线的关系不同时,可将其编为同一墙柱号;又如若干墙身的厚度尺寸和配筋均相同,仅墙厚与轴线的关系不同或墙身长度不同时,也可将其编为同一墙身号,但应在图中注明与轴线的几何关系。

② 当墙身所设置的水平与竖向分布钢筋的排数为 2 时可不注。

③ 对于分布钢筋网的排数规定。非抗震:当剪力墙厚度大于 160 mm 时,应配置双排;当其厚度不大于 160 mm 时,宜配置双排。抗震:当剪力墙厚度不大于 400 mm 时,应配置双排;当剪力墙厚度大于 400 mm,但不大于 700 mm 时,宜配置三排;当剪力墙厚度大于 700 mm 时,宜配置四排。

各排水平分布筋和竖向分布筋的直径和根数应保持一致。当剪力墙配置的分布钢筋多于两排时,剪力墙拉筋两端应同时钩住外排水平纵筋和竖向纵筋,还应与剪力墙内排水平纵筋和竖向纵筋绑扎在一起。

(2)注写各段墙身起止标高,自墙身根部往上以变截面位置或截面未变但配筋改变处为界分段注写。墙身根部标高系指基础顶面标高(如为框支剪力墙结构则为框支梁顶面标高)。

(3)注写水平分布钢筋、竖向分布钢筋和拉筋的具体数值。注写数值为一排水平分布钢筋和竖向分布钢筋的规格与间距,具体设置几排已经在墙身编号后面表达。

需要注意的是,剪力墙身的拉筋配置要求设计师在剪力墙身表中明确给出钢筋规格和间距,这和梁侧面纵向构造钢筋的拉筋无须设计师标注是截然不同的。拉筋的间距通常是水平分布钢筋和竖向分布钢筋间距的两倍或三倍。

◆ **剪力墙柱表**

剪力墙柱表中表达的内容如下。

（1）注写墙柱编号，绘制墙柱的截面配筋图，标注墙柱几何尺寸。

（2）注写各段墙柱的起止标高，自墙柱根部往上以变截面位置或截面未变但配筋改变处为界分段注写。墙柱根部标高系指基础顶面标高（如为框支剪力墙结构则为框支梁顶面标高）。

（3）注写各段墙柱的纵向钢筋，注写值应与在表中绘制的截面对应一致。纵向钢筋注写总配筋值；墙柱箍筋的注写方式与柱箍筋相同。约束边缘构件除注写阴影部位的箍筋外，尚需在剪力墙平面布置图中注写非阴影区内布置的拉筋（或箍筋）。

此外，在设计施工时尚应注意以下两点。

（1）当约束边缘构件体积配箍率计算中计入墙身水平分布钢筋时，设计者应注明。此时还应注明墙身水平分布钢筋在阴影区域内设置的拉筋（见 11G101－1 图集图 3.2.2-1、图 3.2.2-2 以及相应标准构造详图）。施工时，墙身水平分布钢筋应注意采用相应的构造做法。

（2）当非阴影区外圈设置箍筋时，设计者应注明箍筋的具体数值及其余拉筋。施工时，箍筋应包住阴影区内第二列竖向纵筋（见 11G101－1 图集第 71 页图）。

◆ **剪力墙梁表**

剪力墙梁表中表达的内容如下。

（1）注写墙梁编号。墙梁编号见表 5-4。

表 5-4 墙梁编号

墙梁类型	代号	序号
连梁	LL	××
连梁（对角暗撑配筋）	LL(JC)	××
连梁（交叉斜筋配筋）	LL(JX)	××
连梁（集中对角斜筋配筋）	LL(DX)	××
暗梁	AL	××
边框梁	BKL	××

（2）注写墙梁所在楼层号。

（3）注写墙梁顶面标高高差，系指相对于墙梁所在结构层楼面标高的高差值。高于者为正值，低于者为负值，当无高差时不注。

(4)注写墙梁截面尺寸($b×h$),上部纵筋,下部纵筋和箍筋的具体数值。

(5)当连梁设有对角暗撑时[代号为 LL(JC)××],注写暗撑的截面尺寸(箍筋外皮尺寸);注写一根暗撑的全部纵筋,并标注×2表明有两根暗撑相互交叉;注写暗撑箍筋的具体数值。

(6)当连梁设有交叉斜筋时[代号为 LL(JX)××],注写连梁一侧对角斜筋的配筋值,并标注×2表明对称设置;注写对角斜筋在连梁端部设置的拉筋根数、规格及直径,并标注×4表示四个角都设置;注写连梁一侧折线筋配筋值,并标注×2表明对称设置。

(7)当连梁设有集中对角斜筋时[代号为 LL(DX)××],注写一条对角线上的对角斜筋,并标注×2表明对称设置。

墙梁侧面纵筋的配置,当墙身水平分布钢筋满足连梁、暗梁及边框梁的梁侧面纵向构造钢筋的要求时,该筋配置同墙身水平分布钢筋,表中不注,施工按标准构造详图的要求即可;当不满足时,应在表中补充注明梁侧面纵筋的具体数值(其在支座内的锚固要求同连梁中受力钢筋)。

◆ 剪力墙构件钢筋知识体系

剪力墙构件钢筋知识体系见表 5-5。

表 5-5　剪力墙构件钢筋知识体系

钢筋种类	钢筋构造情况		相关图集页码
墙身钢筋	墙身水平筋长度	端部锚固	11G101—1 图集第 68 页
		转角处构造	06G901—1 图集第 3—8 页
	墙身水平筋根数	基础内根数	11G101—3 图集第 58 页
		楼层中根数	11G101—1 图集第 70、74 页 06G901—1 图集第 3—9、3—12 页
	墙身竖向筋长度	基础内插筋	11G101—3 图集第 58 页
		中间层	11G101—1 图集第 70 页
		顶层	11G101—1 图集第 70 页 06G901—1 图集第 3—9 页
	墙身竖向筋根数		06G901—1 图集第 3—2,3—3 页
	拉筋		06G901—1 图集第 3—22 页

钢筋种类	钢筋构造情况		相关图集页码
墙梁钢筋	连梁	纵筋	11G101—1 图集第 74 页
		箍筋	06G901—1 图集第 3—10 页
	暗梁	纵筋	06G901—1 图集第 3—15 页
		箍筋	
	边框梁	纵筋	06G901—1 图集第 3—18 页
		箍筋	
墙柱钢筋	端柱	纵筋	11G101—1 图集第 70 页
		箍筋	
	端柱	纵筋	11G101—1 图集第 70 页
		箍筋	

【相关知识】

◆ 剪力墙的构造概念和剪力墙符号

在高层钢筋混凝土建筑中,有框架结构和剪力墙结构。对于剪力墙的结构,又可细分为:剪力墙结构、框架－剪力墙结构、部分框支剪力墙结构和筒体结构。

剪力墙的厚度与抗震等级有关。剪力墙的底层与剪力墙的总高度有关。

剪力墙属于钢筋混凝土结构中的一种。

剪力墙钢筋结构如图 5-10 所示,剪力墙中的钢筋分为水平分布钢筋、竖向分布钢筋、锚固钢筋和拉筋等。

图 5-11 是图 5-10 的轴测投影示意图。

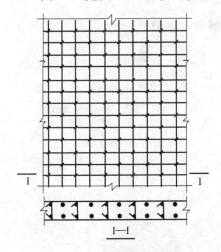

图 5-10　剪力墙钢筋结构图

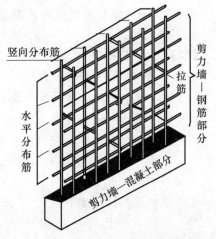

图 5-11　剪力墙钢筋的轴测投影示意图

图 5-12 是墙端无暗柱时水平分布筋的端部搭接锚固立面和水平投影图。

图 5-13 是墙端无暗柱时水平分布筋的端部搭接锚固轴测投影示意图。

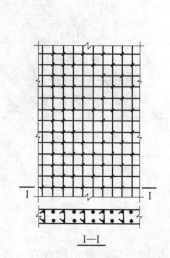

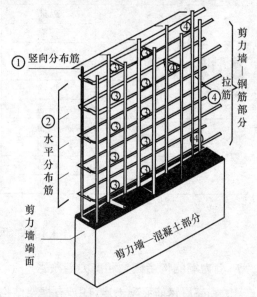

图 5-12 墙端无暗柱时水平分布筋的端
部搭接锚固立面和水平投影图

图 5-13 墙端无暗柱时水平分布筋的
端部搭接锚固轴测投影示意图

【实例分析】

【例 5-1】 已知:四级抗震剪力墙边墙身顶层竖向分布筋,钢筋规格为Φ 22(即 HPB300 级钢筋,直径为 22 mm),混凝土 C30,搭接连接,层高 3.5 m、板厚 150 mm 和保护层厚度 15 mm。

求:剪力墙边墙身顶层竖向分布筋(外侧筋和里侧筋)——长 l_l、l_2 的加工尺寸和下料尺寸。

【解】 (1)外侧筋的计算如下。

$$长 l_1 = 层高 - 保护层 = 3500 - 15 = 3485 (mm)$$

$$l_2 = l_{aE} - 顶板厚 + 保护层 = 24d - 150 + 15 = 393(mm)$$

$$钩 = 5d = 110(mm)$$

$$下料长度 = 3485 + 393 + 110 - 1.751d$$

$$\approx 3485 + 393 + 110 - 38$$

$$\approx 3952(mm)$$

(2)里侧筋的计算如下。

$$长 l_1 = 3500 - 15 - 22 - 30 = 3433(mm)$$

$$l_2 = l_{aE} - 顶板厚 + 保护层 + d + 30$$

$$= 24d - 150 + 15 + 22 + 30$$

$$= 445(\text{mm})$$

$$钩 = 5d = 110(\text{mm})$$

$$下料长度 = 3433 + 445 + 110 - 1.751d$$

$$\approx 3435 + 445 + 110 - 38$$

$$\approx 3952(\text{mm})$$

分支二　墙身钢筋

【要　　点】

本分支主要介绍水平分布筋、垂直分布筋(即竖向分布筋)和拉筋。墙身钢筋主要包括水平钢筋在剪力墙身中的构造、水平分布筋在暗柱中的构造、水平钢筋在端柱中的构造、垂直分布筋(即竖向分布筋)在剪力墙身中的构造、剪力墙竖向钢筋顶部构造、剪力墙变截面处竖向钢筋构造、剪力墙垂直分布筋(即竖向分布筋)连接构造、墙身水平钢筋总结及墙身竖向钢筋总结等内容。

【解　　释】

◆ 水平钢筋在剪力墙身中的构造

1. 剪力墙多排配筋的构造

剪力墙布置两排配筋、三排配筋和四排配筋时的构造图,如图 5-14 所示。

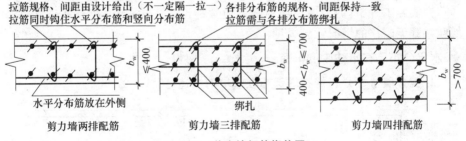

图 5-14　剪力墙钢筋绑扎图

其特点如下。

(1)剪力墙布置两排配筋、三排配筋和四排配筋的条件如下。

当墙厚度≤400 mm 时,设置两排钢筋网。

当 400 mm<墙厚度≤700 mm 时,设置三排钢筋网。

当墙厚度>700 mm 时,设置四排钢筋网。

(2)剪力墙身的各排钢筋网均设置了水平分布筋和垂直分布筋。布置钢筋时,将水平分布筋放在外侧,垂直分布筋放在水平分布筋内侧。因此,剪力墙的保护层是针对水平分布筋来说的。

(3) 拉筋需拉住两个方向上的钢筋,即同时钩住水平分布筋和垂直分布筋。因剪力墙身的水平分布筋放在最外面,故拉筋连接外侧钢筋网和内侧钢筋网,即把拉筋钩在水平分布筋的外侧。

2. 剪力墙水平钢筋的搭接构造

剪力墙水平钢筋的搭接长度$\geqslant 1.2 l_{aE}(\geqslant 1.2 l_a)$,沿高度每隔一根错开搭接,相邻两个搭接区之间错开的净距离应不小于500 mm。

3. 无暗柱时剪力墙水平钢筋的端部做法

图集中给出了两种方案,如图5-15所示,注意拉筋钩住水平分布筋。

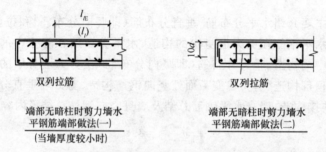

端部无暗柱时剪力墙水
平钢筋端部做法(一)
(当墙厚度较小时)

端部无暗柱时剪力墙水
平钢筋端部做法(二)

图5-15　无暗柱时剪力墙水平钢筋的锚固构造

(1)端部U形筋同墙身水平钢筋搭接$l_{lE}(\geqslant l_l)$,在墙端部设置双列拉筋。这种方案适合墙厚较小的情况。

(2)墙身两侧水平钢筋伸入墙端弯钩$10d$,墙端部设置双列拉筋。

在实际工程中,剪力墙墙肢的端部通常都设置了边缘构件(暗柱或端柱),墙肢端部无暗柱的情况比较少见。

◆ **水平分布筋在暗柱中的构造**

1. 剪力墙水平分布筋在端部暗柱墙中的构造(图5-16)

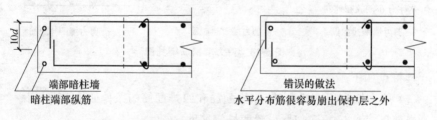

端部暗柱墙

暗柱端部纵筋

错误的做法

水平分布筋很容易崩出保护层之外

图5-16　剪力墙水平分布筋在端部暗柱墙中的构造

剪力墙的水平分布筋从暗柱纵筋的外侧插入暗柱,伸至暗柱端部纵筋的内侧,然后弯$10d$的直钩。

2. 剪力墙水平钢筋在翼墙暗柱中的构造(图 5-17)

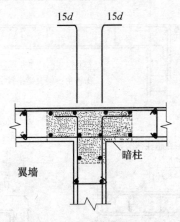

图 5-17　剪力墙水平钢筋在翼墙暗柱中的构造

端墙两侧的水平分布筋伸到翼墙对边,顶着暗柱外侧纵筋的内侧后弯钩 15d。

如果剪力墙设置了三、四排钢筋,则墙中间的各排水平分布筋同上述构造。

3. 剪力墙水平钢筋在转角墙暗柱中的构造

11G101－1 图集中关于剪力墙水平钢筋在转角墙暗柱中的构造规定如图 5-18 所示。其中(b)、(c)为新增构造做法。

图 5-18 中,(a)图所示为连接区域在暗柱范围之外,表示外侧水平筋连续通过转弯。剪力墙的外侧水平分布筋从暗柱纵筋的外侧通过暗柱,绕出暗柱的另一侧以后与另一侧的水平分布筋搭接,搭接长度≥1.2l_{aE}(≥1.2l_a),上下相邻两排水平筋在转角一侧交错搭接,错开距离应不小于 500 mm。(b)图所示也为连接区域在暗柱范围之外,表示相邻两排水平筋在转角两侧交错搭接,搭接长度≥1.2l_{aE}(≥1.2l_a)。(c)图表示外侧水平筋在转角处搭接。

对于上下相邻两排水平筋在转角一侧搭接的情况,尚需注意以下方面。

(1)若剪力墙转角墙暗柱两侧水平分布筋直径不同,则应转到直径较小的一侧搭接,以保证直径较大一侧的水平抗剪能力不减弱。

(2)若剪力墙转角墙暗柱的另外一侧不是墙身而是连梁的时候,墙身的外侧水平分布筋不能拐到连梁外侧搭接,而应把连梁的外侧水平分布筋拐过转角墙柱,同墙身的水平分布筋进行搭接。这样做的理由是:连梁的上方和下方都是门窗洞口,所以连梁这种构件比墙身较为薄弱,若连梁的侧面纵筋发生截断和搭接的话,就会使本来薄弱的构件更加薄弱,这是不可取的。

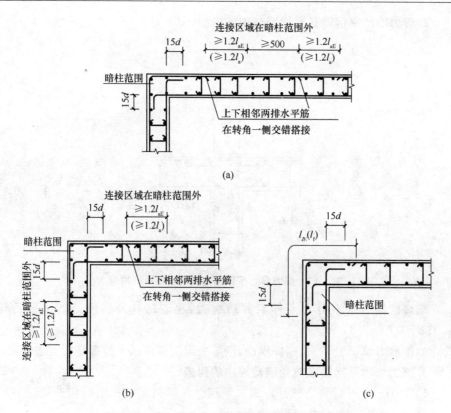

图 5-18　剪力墙水平钢筋在转角墙暗柱中的构造

◆ **水平钢筋在端柱中的构造**

1. 剪力墙水平钢筋在转角墙端柱中的构造

11G101－1 图集中将剪力墙水平钢筋在转角墙端柱中的构造增加为三种，如图 5-19 所示。剪力墙外侧水平分布筋从端柱纵筋的外侧通过端柱，绕出端柱的另一侧以后同另一侧的水平分布筋搭接。

剪力墙水平钢筋伸至端柱对边弯 $15d$ 的直钩。当墙体水平钢筋伸入端柱的直锚长度 $\geqslant l_{aE}(l_a)$ 时，可不必上下弯折，但必须伸至端柱对边竖向钢筋内侧位置。其他情况，墙体水平钢筋必须伸入端柱对边竖向钢筋内侧位置，然后弯折。

括号内的数字用于非抗震设计。

2. 剪力墙水平钢筋在翼墙端柱中的构造

11G101－1 图集将剪力墙水平钢筋在翼墙端柱中的构造增加为三种，如图 5-20 所示。

剪力墙水平钢筋伸至端柱对边弯 $15d$ 的直钩。当墙体水平钢筋伸入端柱的直锚长度 $\geqslant l_{aE}(l_a)$ 时，可不必上下弯折，但必须伸至端柱对边竖向钢筋内侧位

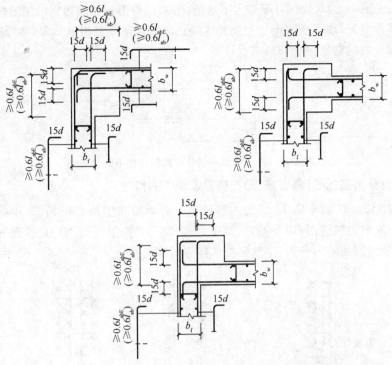

图 5-19　剪力墙水平钢筋在转角墙端柱中的构造

置。其他情况,墙体水平钢筋必须伸入端柱对边竖向钢筋内侧位置,然后弯折。括号内的数字用于非抗震设计。

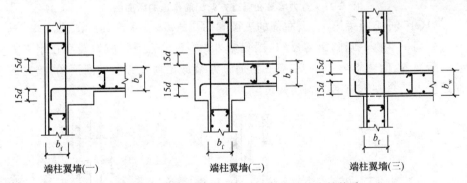

图 5-20　剪力墙水平钢筋在翼墙柱端柱中的构造

3.剪力墙水平钢筋在端部墙柱中的构造

11G101－1 图集中关于剪力墙水平钢筋在端部墙柱中的构造如图 5-21 所示。

剪力墙水平钢筋伸至端柱对边弯 15d 的直钩。当墙体水平钢筋伸入端柱的直锚长度$\geq l_{aE}(l_a)$时,可不必上下弯折,但必须伸至端柱对边竖向钢筋内侧位置。其他情况,墙体水平钢筋必须伸入端柱对边竖向钢筋内侧位置,然后弯折。

括号内的数字用于非抗震设计。

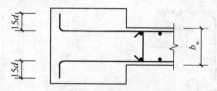

图 5-21　剪力墙水平钢筋在端部墙柱中的构造

◆ **垂直分布筋(即竖向分布筋)在剪力墙身中的构造**

11G101-1 图集第 70 页的左部给出了剪力墙布置两排配筋、三排配筋和四排配筋时的构造图(图 5-22)。其中,剪力墙三排配筋与剪力墙四排配筋均需水平,竖向钢筋均匀分布,拉筋需与各排分布筋绑扎。

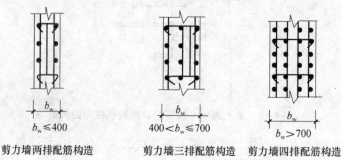

剪力墙两排配筋构造　　剪力墙三排配筋构造　剪力墙四排配筋构造

图 5-22　剪力墙身在垂直方向配筋构造的断面图

11G101-1 图集第 70 页左部的三图和图集第 68 页下部的三图(图5-23)只不过是同一事物不同侧面的反映:图集第 68 页下部三图是剪力墙身在水平方向的断面图,而图集第 70 页左部三图是剪力墙身在垂直方向的断面图,描述的都是剪力墙多排钢筋网的钢筋构造。

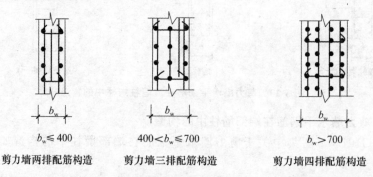

剪力墙两排配筋构造　　剪力墙三排配筋构造　　剪力墙四排配筋构造

图 5-23　剪力墙身在水平方向配筋构造的断面图

在暗柱内部(指暗柱配箍区)不需要布置剪力墙竖向分布钢筋。第一根竖向分布钢筋在距暗柱主筋中心1/2竖向分布钢筋间距的位置绑扎。

◆ **剪力墙竖向钢筋顶部构造**

11G101－1图集对剪力墙竖向钢筋顶部构造也进行了相应修改,如图5-24所示。

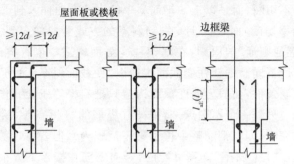

图 5-24　剪力墙竖向钢筋顶部构造

◆ **剪力墙变截面处竖向钢筋构造**

"剪力墙变截面处竖向钢筋构造"见 G101－1 图集第 70 页,如图 5-25 所示。(a)、(d)为边柱或边墙的竖向钢筋变截面构造;(b)(c)为中柱或中墙的竖向钢筋变截面构造。

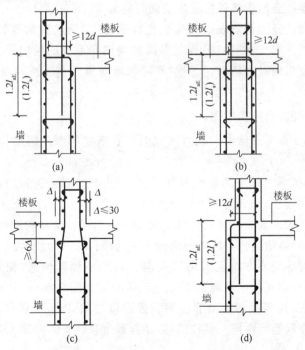

图 5-25　剪力墙变截面处竖向钢筋构造

1. 中柱或中墙的竖向钢筋变截面构造

图 5-25(b)、(c)钢筋构造的做法分别为：(b)图的构造做法为当前楼层的墙柱和墙身的竖向钢筋伸入楼板顶部以下然后弯折到对边切断，上一层墙柱和墙身竖向钢筋插入当前楼层 $1.2l_{aE}(1.2l_a)$。(c)图的做法是当前楼层的墙柱和墙身的竖向钢筋不切断，而是以 1/6 钢筋斜率的方式弯曲伸入到上一楼层。

竖向钢筋不切断，而是以 1/6 钢筋斜率的方式弯曲伸入到上一楼层，这种做法虽符合"能通则通"的原则，在框架柱变截面构造中也有类似的做法，但是与框架柱又有所不同。框架柱变截面构造以"变截面斜率≤1/6"来作为柱纵筋弯曲上通的控制条件，而剪力墙变截面构造只把斜率等于 1/6 作为钢筋弯曲上通的具体做法。另外一个不同点是：框架柱纵筋的"1/6 斜率"完全在框架梁柱的交叉节点内完成（即斜钢筋整个位于梁高范围内），但若要让剪力墙的斜钢筋在楼板之内完成"1/6 斜率"是不可能的，竖向钢筋在楼板下方很远的地方就已经开始弯折了。

2. 边柱或边墙的竖向钢筋变截面构造[图 5-25(a)]

边柱或边墙外侧的竖向钢筋垂直通到上一楼层，符合"能通则通"的原则。

边柱或边墙内侧的竖向钢筋伸入楼板顶部以下然后弯折到对边切断，上一层墙柱和墙身竖向钢筋插入当前楼层 $1.2l_{aE}(1.2l_a)$。

3. 上下楼层竖向钢筋规格发生变化时的处理[图 5-25(b)]

上下楼层的竖向钢筋规格发生变化常被称为"钢筋变截面"。此时的构造做法可选用图 5-25(b)的做法：当前楼层的墙柱和墙身的竖向钢筋伸入楼板顶部以下然后弯折到对边切断，上一层墙柱和墙身竖向钢筋插入当前楼层 $1.2l_{aE}$ $(1.2l_a)$。

◆ **剪力墙竖向钢筋连接构造**

图集第 70 页上部给出了剪力墙竖向分布钢筋的绑扎搭接构造，如图 5-26 所示。

一、二级抗震等级剪力墙底部加强部位竖向分布钢筋搭接构造：搭接长度 ≥$1.2l_{aE}$，交错搭接，相邻搭接点错开的净距离为 500 mm，如图 5-26(a)所示。

各级抗震等级或非抗震剪力墙竖向分布钢筋机械连接构造：相邻钢筋交错机械连接，相邻搭接点错开的净距离为 35d，如图 5-26(b)所示。

各级抗震等级或非抗震剪力墙竖向分布钢筋焊接构造：相邻钢筋交错焊接，相邻搭接点错开的净距离为 35d，≥500 mm，如图 5-26(c)所示。

一、二级抗震等级剪力墙非底部加强部位或三、四级抗震等级或非抗震剪力墙竖向分布钢筋可在同一部位搭接，搭接长度 ≥$1.2l_{aE}$，如图 5-26(d)所示。

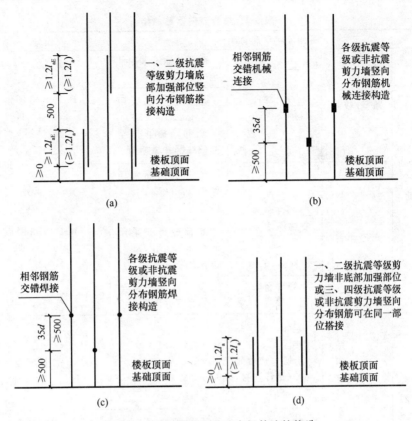

图 5-26　剪力墙身竖向分布钢筋连接构造

◆ **墙身水平钢筋总结**

墙身水平钢筋总结，见表 5-6。

表 5-6　墙身水平钢筋总结

内侧钢筋	锚入暗柱	伸至暗柱对边弯折 10d	外侧钢筋	端部遇暗柱	同内侧钢筋遇暗柱
	锚入端柱	直锚：l_{aE}		端部遇端柱	同内侧钢筋遇端柱
		弯锚：伸至端柱对边弯折 15d		转角处	连续布置
	斜交墙	斜至斜交墙内拐点＋l_{aE}			断开布置
	端部无暗柱	伸至尽端弯折 10d			
	洞口处	在洞边切断，与外侧钢筋交错 5d	水平筋根数	从基础到屋顶连续布置	

◆ **墙身竖向钢筋总结**

墙身竖向钢筋总结见表 5-7。

表 5-7　墙身竖向钢筋总结

墙身竖向钢筋总结			出处
在基础内的插筋	条基/筏基	容许竖向直锚深度≥l_{aE}	墙部分插筋采用伸至l_{aE}位置并做弯折	11G101—3 图集第 58、59 页
			墙部分插筋采用伸至 max(l_{aE},35d)
			全部墙插筋伸至基础底部并做弯折
	桩基承台	容许竖向直锚深度≥l_{aE}	墙部分插筋采用伸至 max(l_{aE},35d)位置并做弯折	11G101—3 图集第 58、59 页
			墙部分插筋采用伸至 max(l_{aE},35d)位置截断
		容许竖向直锚深度≥l_{aE}	全部墙插筋伸至基础底部并做弯折
中间层长度	无变截面	层高－本层非连接区高度＋伸入上层非连接区高度（错开连接，错开 35d）	—	11G101—1 图集第 70 页
	变截面	下层竖向筋	下层墙身竖向钢筋伸至变截面处向内弯折，至对面竖向分布筋处截断	11G101—1 图集第 70 页
		上层竖向筋	伸至下层 1.5l_{aE}
顶层长度	伸入板内 l_{aE}（从板底算起）	—	—	11G101—1 图集第 70 页
竖向钢筋根数	端部为构造型柱	（墙净长－起步距离）/间距＋1	起步距离为 1/2 竖筋间距	参照纵筋
	端部为约束型柱	约束型柱扩展部位单独计算		
		剩下的：（墙净长－起步距离）/间距－1（此时的净长＝墙长－约束柱核心部位宽－约束柱扩展部位宽）	起步距离为 1/2 竖筋间距

【相关知识】

◆ **剪力墙暗柱箍筋宽度的计算**

首先,剪力墙的保护层是针对水平分布筋,而不是针对暗柱纵筋的,所以在计算暗柱箍筋宽度时,不能还按"框架柱箍筋宽度＝柱宽度－2×保护层"的算法计算。

由于水平分布筋与暗柱箍筋处在同一垂直层面,则暗柱纵筋与混凝土保护层之间同时隔着暗柱箍筋和墙身水平分布筋。

我们知道,箍筋的尺寸是用"净内尺寸"来表达的。由于柱纵筋的外侧紧贴着箍筋的内侧,可以用"暗柱纵筋的外侧"作为参照物,来分析暗柱箍筋宽度的算法,具体算法和条件如下。

当水平分布筋直径＞箍筋直径时:

暗柱箍筋宽度＝墙厚－2×保护层－2×水平分布筋直径

当水平分布筋直径≤箍筋直径时:

暗柱箍筋宽度＝墙厚－2×保护层－2×箍筋直径

◆ **剪力墙身的拉筋与梁侧面纵向构造拉筋的异同点**

剪力墙身的拉筋与梁侧面纵向构造拉筋的相同点是:凡是拉筋都应该拉住纵横方向的钢筋。梁的拉筋需同时钩住梁的侧面纵向构造钢筋和箍筋;剪力墙身的拉筋需同时钩住水平分布筋和垂直分布筋。

剪力墙身拉筋与梁侧面纵向构造钢筋拉筋的不同点如下。

1) 定义的方式不同

梁侧面纵向构造钢筋的拉筋在施工图中不需要定义,只需由施工人员和预算人员根据 11G101－1 图集的有关规定自行处理其钢筋规格和间距便可。

然而,剪力墙身的拉筋须由设计师在施工图上明确定义。

2) 具体的工程做法不同

梁侧面纵向构造钢筋拉筋的间距是梁非加密区箍筋间距的两倍,即"隔一拉一"的做法,这是固定的做法。

但剪力墙身拉筋的间距不一定是"隔一拉一"的做法。

当剪力墙身水平分布筋和垂直分布筋的间距设计为 300 mm,而拉筋间距设计为 600 mm 时,就是"隔一拉一"的做法。

当剪力墙身水平分布筋和垂直分布筋的间距设计为 200 mm,而拉筋间距设计为 900 mm 时,就是"隔二拉一"的做法。

【实例分析】

【例 5-2】 已知:二级抗震剪力墙中的墙身顶层竖向分布筋的钢筋规格为

$d=32$ mm（HRB335 级钢筋），混凝土 C35，机械连接，层高 3.5 m、顶板厚 150 mm 和保护层厚度 15 mm。

求：剪力墙中的墙身顶层竖向分布筋——长 l_1、l_2 的加工尺寸和下料尺寸。

【解】 （1）长 l_1 的计算。

长 $l_1 =$ 层高 $-500-$ 保护层 $= 3500-500-15 = 2985$（mm）

（2）短 l_1 的计算。

短 $l_1 =$ 层高 $-500-35d-$ 保护层 $= 3500-500-1050-15 = 1935$（mm）

（3）l_2 的计算。

$l_2 = l_{aE} -$ 顶板厚 $+$ 保护层 $= 34d-150+15 = 885$（mm）

（4）下料尺寸的计算。

长筋下料尺寸 $=$ 长 $l_1 + l_2 -$ 外皮差值 $= 2985+885-1.751d$

$\approx 2985+885-52$

≈ 3818（mm）

短筋下料尺寸 $=$ 短 $l_1 + l_2 -$ 外皮差值

$\approx 1935+885-1.751d$

$\approx 1935+885-52$

≈ 2768（mm）

【例 5-3】 已知：二级抗震剪力墙中的墙身中、底层竖向分布筋的钢筋规格为 $d=20$ mm（HRB335 级钢筋），混凝土 C30，搭接连接，层高 3.5 m 和搭接长度 $l_{aE} =30d$。

求：剪力墙中的墙身中、底层竖向分布筋 l_1。

【解】 $l_1 =$ 层高 $+l_{lE}$

$=$ 层高 $+1.2 \times l_{aE}$

$=3500+1.2 \times 30d$

$=3500+1.2 \times 600$

$=4220$（mm）

【例 5-4】 已知：二级抗震剪力墙中的墙身中、底层竖向分布筋的钢筋规格为 $d=20$ mm（HPB300 级钢筋），混凝土 C30，搭接连接，层高 3.5 m 和搭接长度 $l_{aE} =25d$。

求：剪力墙中的墙身中、底层竖向分布筋——l_1、钩的加工尺寸和下料尺寸。

【解】 （1）$l_1 =$ 层高 $+l_{lE}$

$=3500+1.2 \times l_{aE}$

$=3500+1.2 \times 25d$

$=3500+1.2 \times 500$

$=4100$（mm）

（2）钩 $=5d=5 \times 20 = 100$（mm）

（3）下料长度 $=l_1 +2 \times$ 钩 $-2 \times$ 外皮差值

$$=4100+2\times 5d-2\times 1.751d$$
$$=4230\,(\text{mm})$$

分支三　墙柱钢筋

【要　　点】

本分支主要介绍墙柱钢筋分类、墙柱的钢筋构造、端柱的含义、暗柱的含义及墙柱钢筋计算总结等内容。

【解　　释】

◆ 墙柱钢筋分类

03G101－1图集中的墙柱共有10种,11G101－1图集中则将墙柱划分为4类,仍为10种,见表5-8。

表 5-8　墙柱钢筋分类

墙柱类型	代号	序号
约束边缘构件	YBZ	××
构造边缘构件	GBZ	××
非边缘暗柱	AZ	××
扶壁柱	FBZ	××

注:约束边缘构件包括约束边缘暗柱、约束边缘端柱、约束边缘翼墙、约束边缘转角墙四种(见图5-27)。构造边缘构件包括构造边缘暗柱、构造边缘端柱、构造边缘翼墙、构造边缘转角墙四种(见图5-28)。

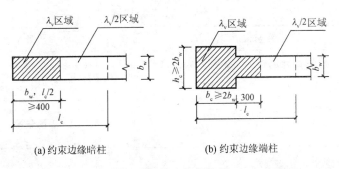

(a) 约束边缘暗柱　　　　　　　　(b) 约束边缘端柱

图 5-27　约束边缘构件

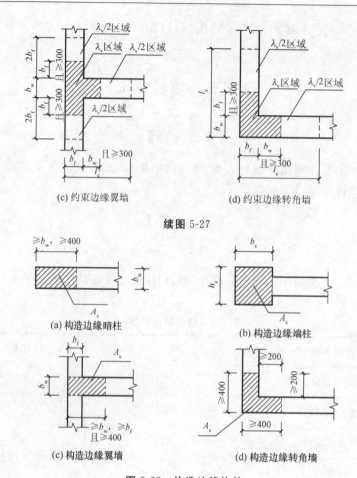

(c) 约束边缘翼墙　　　　　(d) 约束边缘转角墙

续图 5-27

(a) 构造边缘暗柱　　　　　(b) 构造边缘端柱

(c) 构造边缘翼墙　　　　　(d) 构造边缘转角墙

图 5-28　构造边缘构件

◆ **墙柱的钢筋构造**

墙柱的钢筋构造见表 5-9。

表 5-9　墙柱钢筋构造

墙柱钢筋构造	出处
端柱钢筋构造:端柱的纵筋与箍筋构造,与框架柱相同	11G101—1 图集第 70 页, 文字说明第 1 条
暗柱钢筋构造:暗柱纵筋周墙身竖向筋,顶层自板底起算,$l_{aE}(l_a)$,并平直段长度≥$12d$	06G901—1 图集第 3—15 页

◆ **端柱的含义**

（1）端柱外观一般凸出墙身。

（2）柱编号中含有"DZ"的为端柱。

（3）剪力墙中的端柱的钢筋计算同框架柱。

◆ **暗柱的含义**

（1）暗柱外观一般同墙身相平。

（2）柱编号中不含有"DZ"柱，从钢筋计算上可理解为暗柱。

（3）剪力墙中的暗柱的钢筋计算，基本与墙身竖向筋相同，只有基础内的插筋有所不同。

◆ **墙柱钢筋计算总结**

墙柱钢筋计算总结见表5-10。

表 5-10　墙柱钢筋计算总结

墙柱钢筋总结				出处
端柱	纵筋箍筋均同框架柱			
暗柱	在基础内的插筋	条基/筏基	容许竖直锚深度≥l_{aE}　阳角插筋伸至基础底弯折	11G101—3 图集第 58、59 页
			其余插筋采用伸至 l_{aE} 位置截断	
			容许竖直锚深度＜l_{aE}　全部墙插筋伸至基础底部并做弯折	
		桩基承台	容许竖直锚深度≥l_{aE}　阳角插筋伸至基础底弯折	11G101—3 图集第 58、59 页
			其余插筋采用伸至 l_{aE} 位置	
			容许竖直锚深度＜l_{aE}　全部墙插筋伸至基础底部并做弯折	
	中间层长度	同墙身竖向筋	层高－本层非连接区高度＋伸入上层非连接区高度（错开连接，错开 35d）	11G101—1 图集第 70 页
	顶层长度	同墙身竖向筋	伸入板内 l_{aE}（注意是从板底起算）	06G101—1 图集第 3—9 页

【相关知识】

◆ **端柱钢筋计算应注意的问题**

构造边缘构件 GAZ、GDZ、GYZ、GJZ 构造见 11G101 图集第 73 页

（图5-29）。

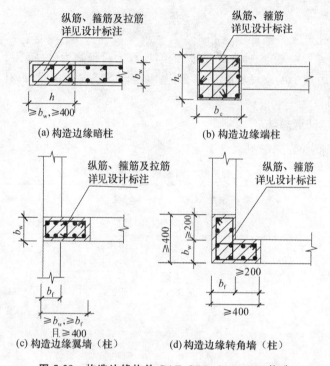

图 5-29　构造边缘构件 GAZ、GDZ、GYZ、GJZ 构造

　　在框剪结构的端柱钢筋计算时要注意一个问题，就是剪力墙的端柱有可能同时充当框架结构中的框架柱这个问题。

　　在新图集第 22 页的墙柱表中，YBZ2 的纵筋配置为 22 $\pm$ 20，如果在框架柱计算中已经计算了 22 $\pm$ 20，则在剪力墙端柱的钢筋计算中就不要再计算 22 $\pm$ 20 钢筋了。而在墙柱表中的 YBZ1 配置 24 $\pm$ 20 的柱纵筋，除了在框架柱计算中已经计算的 22 $\pm$ 20 之外，在剪力墙端柱的钢筋计算中还需计算余下的 2 $\pm$ 20 钢筋。

【实例分析】

　　【例5-5】　已知：二级抗震剪力墙暗柱顶层竖向筋的钢筋规格为 $d=20$ mm（HPB300 钢筋），混凝土 C30，搭接连接，层高 3.5 m，保护层 15 mm，顶板厚 150 mm 和搭接长度 $l_{aE}=25d$。

　　求：剪力墙暗柱顶层竖向筋即墙里、外侧筋，长 l_1、短 l_1、钩和 l_2 的加工尺寸和下料尺寸。

【解】　(1)墙外侧筋的计算如下。

① 墙外侧长 l_1：

长 l_1 ＝层高－保护层

$\quad\quad$ ＝3500－15

$\quad\quad$ ＝3485(mm)

② 墙外侧短 l_1：

短 l_1 ＝层高－保护层－1.3l_{aE}

$\quad\quad$ ＝3500－15－1.3×1.2l_{aE}

$\quad\quad$ ＝3500－15－1.3×1.2×25d

$\quad\quad$ ≈2705(mm)

③ 钩：

钩＝6.25d

$\quad$ ＝6.25×20

$\quad$ ＝125(mm)

④ l_2：

l_2 ＝l_{aE}－顶板厚＋保护层

$\quad$ ＝25d－150＋15

$\quad$ ＝500－150＋15

$\quad$ ＝365(mm)

⑤ 墙外侧长筋下料长度：

墙外侧长筋下料长度＝长 l_1＋l_2＋$l_{钩}$－外皮差值

$\quad\quad\quad\quad\quad\quad\quad\quad$ ＝3485＋365＋6.25d－1.751d

$\quad\quad\quad\quad\quad\quad\quad\quad$ ≈3485＋365＋125－35

$\quad\quad\quad\quad\quad\quad\quad\quad$ ≈3940(mm)

⑥ 墙外侧短筋下料长度：

墙外侧短筋下料长度＝短 l_1＋l_2＋$l_{钩}$－外皮差值

$\quad\quad\quad\quad\quad\quad\quad\quad$ ＝2705＋365＋6.25d－1.751d

$\quad\quad\quad\quad\quad\quad\quad\quad$ ＝2705＋365＋125－35

$\quad\quad\quad\quad\quad\quad\quad\quad$ ＝3160(mm)

(2)墙里侧筋的计算。

① 墙里侧长 l_1：

长 l_1 ＝层高－保护层－d－30

$\quad\quad$ ＝3500－15－20－30

$\quad\quad$ ＝3435(mm)

② 墙里侧短 l_1：

短 $l_1 =$ 层高－保护层－$1.3l_{lE}-d-30$

$\qquad = 3500-15-1.3\times1.2l_{aE}-20-30$

$\qquad = 3500-15-1.3\times1.2\times25d-20-30$

$\qquad = 3500-15-780-50$

$\qquad \approx 2655(\text{mm})$

③ 钩：

钩 $= 6.25d$

$\qquad = 6.25\times20$

$\qquad = 125(\text{mm})$

④ l_2：

$l_2 = l_{aE}-$顶板厚＋保护层＋$d+30$

$\qquad = 25d-150+15+d+30$

$\qquad = 500-150+15+20+30$

$\qquad = 415(\text{mm})$

⑤ 墙里侧长筋下料长度：

墙里侧长筋下料长度＝长 $l_1+l_2+l_{钩}-$外皮差值

$\qquad\qquad\qquad = 3435+415+6.25d-1.751d$

$\qquad\qquad\qquad \approx 3435+415+125-35$

$\qquad\qquad\qquad \approx 3940(\text{mm})$

⑥ 墙里侧短筋下料长度：

墙里侧短筋下料长度＝短 $l_1+l_2+l_{钩}-$外皮差值

$\qquad\qquad\qquad = 2655+415+6.25d-1.751d$

$\qquad\qquad\qquad = 2655+415+125-35$

$\qquad\qquad\qquad = 3160(\text{mm})$

分支四　墙梁钢筋

【要　点】

本分支主要介绍墙梁钢筋构造知识体系、暗梁 AL 钢筋构造、边框梁 BKL 钢筋构造、连梁 LL 钢筋构造、剪力墙洞口补强构造及墙梁钢筋计算总结等内容。

<h1 style="text-align:center">【解 释】</h1>

◆ 墙梁钢筋构造知识体系

墙梁钢筋构造知识体系见表 5-11。

表 5-11 墙梁构件钢筋构造知识体系

		中间层	端部洞口
连梁 LL	纵筋	顶层	中间洞口
	箍筋	中间层	
		顶层	
暗梁 AL	纵筋	中间层	
		顶层	
		与连梁重叠	
	箍筋		
边框梁 BKL	纵筋	中间层	
		顶层	
		与连梁重叠	
	箍筋		

◆ 暗梁 AL 钢筋构造

暗梁 AL 钢筋构造见表 5-12。

表 5-12 暗梁 AL 钢筋构造

（1）中间层暗梁：端部锚固同墙身水平筋，伸至对边弯折 15d	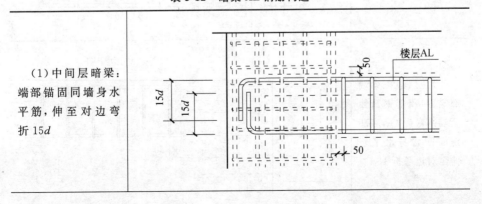

（2）顶层暗梁端部锚固：顶部钢筋伸至端部弯折 l_{lE}，底部钢筋同墙身水平筋伸至对边弯折 $15d$	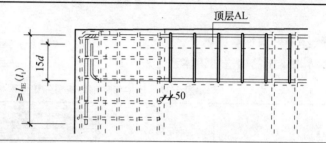
（3）箍筋：在暗梁净长范围内布置	
（4）与连梁重叠时：暗梁纵筋与箍筋算到连梁边，暗梁纵筋与连梁纵筋若位置与规格相同的，则可贯通，规格不同的则相互搭接	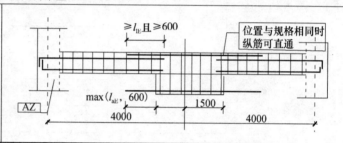

◆ **边框梁 BKL 钢筋构造**

边框梁 BKL 钢筋构造见表 5-13。

表 5-13 边框梁 BKL 钢筋构造

（1）中间层边框梁：端部锚固同墙身水平筋，伸至对边弯折 $15d$	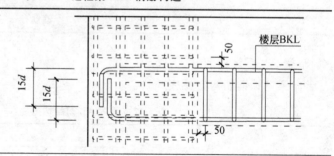
（2）顶层边框梁端部锚固：顶部钢筋伸至端部弯折 l_{lE}，底部钢筋同墙身水平筋伸至对边弯折 $15d$	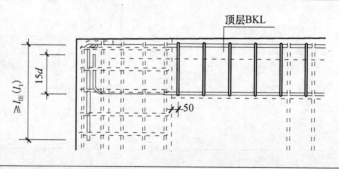

（3）箍筋：在暗梁净长范围内布置

| （4）与连梁重叠时：边框梁与连梁的箍筋及纵筋各自计算，规格和位置相同的可直通 | 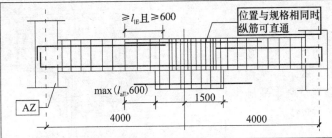 |

◆ 连梁 LL 钢筋构造

连梁 LL 钢筋构造见表 5-14。

表 5-14 连梁 LL 钢筋构造

| （1）中间层连梁在中间洞口，纵筋长度＝洞口宽＋两端锚固 $\max[l_{aE}(l_a)，600]$ | 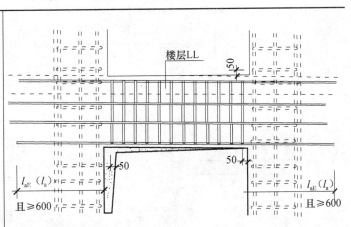 |
| （2）中间层连梁在端部洞口处：端部锚固同墙身水平筋，伸至对边弯折 $15d$，或直锚 $\max[l_{aE}(l_a)，600]$ 另一侧锚固同上 | 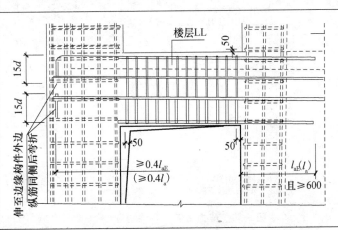 |

（3）顶层连梁端部锚固：顶部钢筋伸至端部弯折 l_{lE}，底部钢筋同墙身水平筋伸至对边弯折 $15d$

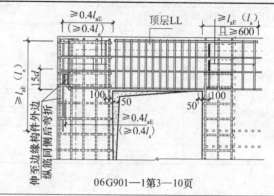

06G901—1第3—10页

（4）箍筋：中间层连梁，箍筋在洞口范围内布置顶层连梁，箍筋在连梁纵筋水平长度范围内布置

◆ 剪力墙洞口补强构造

11G101—1 图集第 78 页给出了剪力墙洞口补强构造（图 5-30）。

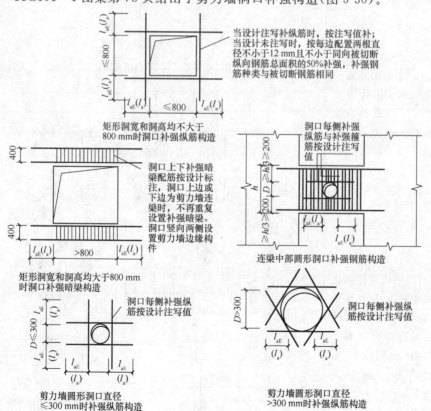

图 5-30　剪力墙洞口补强构造（图中括号内标注用于非抗震时）

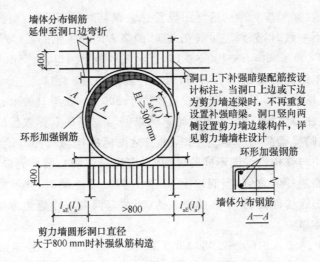

续图 5-30

"洞口"是指在剪力墙上开的小洞,它不是指众多的门窗洞口。后者在剪力墙结构中以连梁和暗柱所构成。

剪力墙洞口钢筋种类包括补强钢筋或补强暗梁纵向钢筋、箍筋、拉筋,引起剪力墙纵横钢筋的截断或连梁箍筋的截断。

关于剪力墙洞口要掌握下面几方面的内容。

(1) 剪力墙洞口的表示方法。

剪力墙洞口的表示方法详见 11G101—1 图集第 18—19 页。常用的方法是建立剪力墙洞口表。

1) 在剪力墙平面布置图上绘制洞口示意,并标注洞口中心的平面定位尺寸。

2) 在洞口中心位置引注:洞口编号;洞口几何尺寸;洞口中心相对标高;洞口每边补强钢筋,共四项内容。具体说明如下。

① 洞口编号:矩形洞口为 JD××(××为序号);

圆形洞口为 YD××(××为序号)。

如矩形洞口:JD1;圆形洞口 YD1。

② 洞口几何尺寸:矩形洞口为洞宽×洞高($b×h$);

圆形洞口为洞口直径 D。

如矩形洞口(mm):1800×2100;圆形洞口直径(mm):300。

③ 洞口中心相对标高,系相对于结构层楼(地)面标高的洞口中心高度。当其高于结构层楼面时为正值,低于结构层楼面时为负值。如洞口中心标高(m):+1.800(注:"+"号可不输入)。

④ 洞口每边补强钢筋,分为以下几种情况。

Ⅰ.当矩形洞口的洞宽、洞高均不大于 800 时,此项注写为洞口每边补强钢筋的具体数值(如果按标准构造详图设置补强钢筋时可不注)。当洞宽、洞高方向补强钢筋不一致时,分别注写洞宽方向、洞高方向补强钢筋,以"/"分隔。

如:JD 2 400×300 +3.100 3 Φ14,表示 2 号矩形洞口,洞宽 400,洞高 300,洞口中心距本结构层楼面3100,洞口每边补强钢筋为 3 Φ14。

Ⅱ.当矩形或圆形洞口的洞宽或直径大于 800 时,在洞口的上、下需设置补强暗梁,此项注写为洞口上、下每边暗梁的纵筋与箍筋的具体数值(在标准构造详图中,补强暗梁梁高一律定为 400,施工时按标准构造详图取值,设计不注。当设计者采用与该构造详图不同的做法时,应另行注明),圆形洞口时尚需注明环向加强钢筋的具体数值;当洞口上、下边为剪力墙连梁时,此项免注;洞口竖向两侧设置边缘构件时,亦不在此项表达(当洞口两侧不设置边缘构件时,设计者应给出具体做法)。

如:JD 5 1800×2100 +1.800 6 Φ20 ϕ8@150,表示 5 号矩形洞口,洞宽1800、洞高 2100,洞口中心距本结构层楼面1800,洞口上下设补强暗梁,每边暗梁纵筋为 6 Φ20,箍筋为 ϕ8@150。

Ⅲ.当圆形洞口设置在连梁中部 1/3 范围(且圆洞直径不应大于 1/3 梁高)时,需注写在圆洞上下水平设置的每边补强纵筋与箍筋。

Ⅳ.当圆形洞口设置在墙身或暗梁、边框梁位置,且洞口直径不大于 300时,此项注写为洞口上下左右每边布置的补强纵筋的具体数值。

Ⅴ.当圆形洞口直径大于 300,但不大于 800 时,其加强钢筋在标准构造详图中系按照圆外切正六边形的边长方向布置,设计仅需注写正六边形中一边补强钢筋的具体数值。

(2)洞口引起的钢筋截断。

1)墙身钢筋的截断。

在洞口处被截断的剪力墙水平筋和竖向筋,在洞口处打拐扣过加强筋,直钩长度不小于 $15d$ 且与对边直钩交错不小于 $10d$ 绑在一起(图 5-31)。如墙的厚度较小或是墙水平钢筋直径较大,使水平设置的 $15d$ 直钩长出墙面时,可以

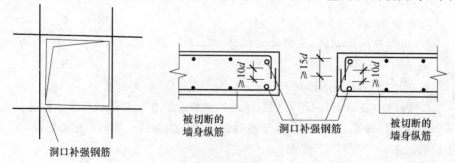

图 5-31 墙身钢筋的截断

斜放或伸入到保护层位置为止。

2）连梁箍筋的截断。

连梁箍筋的截断包括截断过洞口的箍筋及设置补强纵筋和补强箍筋两类。补强纵筋每边伸过洞口 $l_{aE}(l_a)$，洞口上下的补强箍筋的高度可根据洞口中心标高和洞口高度进行计算（也可以看做是截断一个大箍变成为两个小箍）。

（3）剪力墙洞口构造。

1）矩形洞口。

① 洞宽、洞高均≤300 mm 时，做工程预算时，不扣除混凝土体积（及表面积），过洞口的钢筋不截断，设置补强钢筋。

② 300 mm＜洞宽、洞高≤800 mm 时，当面积＞0.3m² 时，做工程预算时扣除混凝土体积（及表面积）；截断过洞口钢筋；设置补强钢筋。

③ 洞宽＞800 mm 时，做工程预算时扣除混凝土体积（及表面积）；截断过洞口的钢筋；洞口上下设置补强暗梁，洞口竖向两侧设置剪力墙沿构件（即暗柱）。

2）圆形洞口。

① 直径≤300 mm 时，做工程预算时，不扣除混凝土体积（及表面积），过洞口的钢筋不截断，设置补强钢筋。

② 300 mm＜直径≤800 mm 时，当面积＞0.3 m² 时，做工程预算时扣除混凝土体积（及表面积）；截断过洞口钢筋；设置补强钢筋。

③ 直径＞800 mm 时，做工程预算时扣除混凝土体积（及表面积）；截断过洞口的钢筋；洞口上下设置补强暗梁，洞口竖向两侧设置剪力墙沿构件（即暗柱），并在圆洞四角 45°切线位置加上斜筋。

（4）连梁洞口构造。

圆形洞口：直径≤300 mm 时，做工程预算时，不扣除混凝土体积（及表面积），过洞口的钢筋不截断，设置补强钢筋。

◆ 墙梁钢筋计算总结

墙梁钢筋计算总结见表 5-15。

表 5-15　墙梁钢筋计算总结

墙梁钢筋总结			出处
连梁	纵筋	端部为墙身	锚入墙身内 max(l_{aE},600)	11G101—1 图集第 74 页
		端部为墙柱	锚入墙身内 max(h_c-C,0.4l_{aE})+15d	

墙梁钢筋总结				出处
连梁	箍筋	中间层	在洞口宽度内布置,起步距离 50 mm	11G101—1 图集第 74 页
		顶层	在纵筋长度范围内布置,洞口里侧起步距离 50 mm,洞口起步距离 100 mm	
暗梁	纵筋	中间层	端部锚固同墙身水平筋	06G901—1 图集第 3—15 页
		顶层	上部钢筋 伸至梁下弯 l_{aE}	
			下部钢筋 端部锚固同墙身水平筋	
		与连梁重叠	上下部钢筋与连梁纵筋搭接:$\max(l_{lE}, 600)$	
	箍筋	起步距离 50 mm		
		与连梁重叠时,连梁范围内不布置暗梁箍筋		
边框梁	纵筋	中间层	端部锚固同墙身水平筋	06G901—1 图集第 3—18 页
		顶层	上部钢筋 伸至梁端下弯 l_{aE}	
			下部钢筋 端部锚固同墙身水平筋	
		与连梁重叠	与连梁纵筋重叠的,搭接 $\max(l_{lE}, 600)$	
			与连梁纵筋不重叠的,穿过连梁连通布置	
	箍筋	起步距离 1/2 间距		
		与连梁纵筋重叠时,连梁范围内边框梁与连梁箍筋各自设置		

【相关知识】

◆ 剪力墙暗梁纵筋与暗柱纵筋

框架柱与框架梁的"柱包梁"关系是框架柱为框架梁的支座的原因。而不论暗柱纵筋和暗梁纵筋是"柱包梁"还是"梁包柱",暗柱都不是暗梁的支座,因为暗柱和暗梁是剪力墙的一个组成部分。

剪力墙水平分布筋应从暗柱纵筋的外侧伸入暗柱。

判断剪力墙的暗梁纵筋是否是从暗柱纵筋的外侧伸入暗柱的方法是：水平分布筋和暗柱箍筋共同处在第一个层次（即在剪力墙的最外边），而暗柱的纵筋处在第二个层次（在剪力墙身中，垂直分布筋也是处在第二个层次）。

在暗梁中，水平分布筋处在第一个层次，暗梁箍筋和垂直分布筋同处在第二个层次，而暗梁纵筋则处在第三个层次。

在剪力墙中，暗柱的纵筋处在第二个层次，而暗梁纵筋处在第三个层次，即暗梁纵筋在暗柱纵筋之内伸入暗柱。

◆ **剪力墙各种钢筋的层次关系**

第一层次的钢筋有：水平分布筋、暗柱箍筋。

第二层次的钢筋有：垂直分布筋、暗柱纵筋、暗梁箍筋、连梁箍筋。

第三层次的钢筋有：暗梁纵筋、连梁纵筋。

上面对于各种钢筋在剪力墙之内的层次关系，没有考虑边框梁的箍筋和端柱的箍筋。当边框梁和端柱凸出墙面之外时，边框梁的箍筋和端柱的箍筋处在水平分布筋之外。此时箍筋角部的边框梁纵筋和端柱纵筋也处在水平分布筋之外。

【实例分析】

【例 5-6】　已知：二级抗震墙端部洞口连梁，钢筋规格为 $d=20$ mm（HRB335 级钢筋），混凝土 C30，跨度 1000 mm，$l_{aE}=32d$。

求：剪力墙墙端部洞口连梁钢筋（上筋和下筋计算方法相同），计算 l_1 和 l_2 的加工尺寸和下料尺寸。

【解】　$l_1 = \max\{l_{aE}, 600\} + 跨度 + 0.4l_{aE}$

$\qquad = \max\{32d, 600\} + 1000 + 0.4 \times 32d$

$\qquad = \max\{32 \times 20, 600\} + 1100 + 0.4 \times 32 \times 20$

$\qquad = 640 + 1000 + 256$

$\qquad = 1896 (mm)$

$\qquad l_2 = 15d = 300$ mm

下料长度 $= l_1 + l_2 - 外皮差值$

$\qquad = 1896 + 300 - 2.931d$

$\qquad = 1896 + 300 - 59$

$\qquad = 2137 (mm)$

【例 5-7】　洞口表标注为 JD1 400×400 3.100

（混凝土强度等级为 C25，纵向钢筋为 HRB335 级钢筋）

求水平方向和垂直方向的补强纵筋的强度。

【解】 由于缺省标注补强钢筋,故认为洞口每边补强钢筋为 2⌀12。对于洞宽、洞高均≤300 的洞口,不考虑截断墙身水平分布筋和垂直分布筋,所以上述的补强钢筋不需要进行调整。

补强纵筋"2⌀12"是指洞口一侧的补强纵筋,则补强纵筋的总数量为 8⌀12。

水平方向补强纵筋的长度 = 洞口宽度 + 2 × l_{aE} = 400 + 2 × 38 × 12 = 1312(mm)

垂直方向补强纵筋的长度 = 洞口高度 + 2 × l_{aE} = 400 + 2 × 38 × 12 = 1312(mm)

【例 5-8】 洞口表标注为 JD3 400×350 3.100 3⌀14

(混凝土强度等级为 C25,纵向钢筋为 HRB335 级钢筋)

求水平方向和垂直方向的补强纵筋的强度。

【解】 补强纵筋"3⌀14"是指洞口一侧的补强纵筋,因此,

水平方向和垂直方向的补强纵筋均为 6⌀14。

水平方向补强纵筋的长度 = 洞口宽度 + 2 × l_{aE} = 400 + 2 × 38 × 14 = 1464(mm)

垂直方向补强纵筋的长度 = 洞口高度 + 2 × l_{aE} = 350 + 2 × 38 × 14 = 1414(mm)

【例 5-9】 洞口表标注为 JD2 600×600 3.100

剪力墙厚度为 300,墙身水平分布筋和垂直分布筋均为⌀12@250。

(混凝土强度等级为 C25,纵向钢筋为 HRB335 级钢筋)

求水平方向和垂直方向的补强纵筋的强度。

【解】 由于缺省标注补强钢筋,默认的洞口每边补强钢筋是 2⌀12,但是补强钢筋不应小于洞口每边截断钢筋(6⌀12)的 50%,也就说洞口每边补强钢筋应为 3⌀12。

补强纵筋的总数量应该是 12⌀12。

水平方向补强纵筋的长度 = 洞口宽度 + 2 × l_{aE} = 600 + 2 × 38 ×12=1512(mm)

垂直方向补强纵筋的长度 = 洞口高度 + 2 × l_{aE} = 600 + 2 ×38×12=1512(mm)

【例 5-10】 洞口表标注为 JD5 1600×1800 1.800 6⌀20 ⌀8@150

剪力墙厚度为 300,混凝土强度等级为 C25,纵向钢筋为 HRB335 级钢筋。

墙身水平分布筋和垂直分布筋均为⌀12@250。

求水平方向和垂直方向的补强纵筋的强度。

【解】 补强暗梁的长度=1600+2×l_{aE}=1600+2×38×20=3120(mm)

这就是补强暗梁纵筋的长度。

每个洞口上下的补强暗梁纵筋总数为 12 Φ 20。

补强暗梁纵筋的每根长度为 3120 mm。

但是补强暗梁箍筋并不在整个纵筋长度上设置,只在洞口内侧 50 mm 处开始设置,则:

一根补强暗梁的箍筋根数＝(1600－50×2)/150＋1＝11(根)

一个洞口上下两根补强暗梁的箍筋总根数为 22 根。

箍筋的宽度＝300－2×15－2×12－2×8＝230(mm)

箍筋的高度为 400 mm,则:

$$箍筋的每根长度＝(230＋400)×2＋26×8＝1468(mm)$$

参 考 文 献

[1] 中国建筑标准设计研究院. 11G101—1 混凝土结构施工图平面整体表示方法制图规则和构造详图(现浇混凝土框架、剪力墙、梁、板)[S]. 北京：中国计划出版社,2011.

[2] 中国建筑标准设计研究院. 11G101—2 混凝土结构施工图平面整体表示方法制图规则和构造详图(现浇混凝土板式楼梯)[S]. 北京：中国计划出版社,2011.

[3] 中国建筑标准设计研究院. 11G101—3 混凝土结构施工图平面整体表示方法制图规则和构造详图(独立基础、条形基础、筏形基础及桩基承台)[S]. 北京：中国计划出版社,2011.

[4] 中国建筑标准设计研究院. 06G901—1 混凝土结构施工钢筋排布规则与构造详图(现浇混凝土框架、剪力墙、框架-剪力墙)[S]. 北京：中国计划出版社,2008.

[5] 中华人民共和国住房和城乡建设部,中华人民共和国国家质量监督检验检疫总局. GB 50011—2010 建筑抗震设计规范[S]. 北京：中国建筑工业出版社,2010.

[6] 中华人民共和国住房和城乡建设部. JGJ 3—2010 高层建筑混凝土结构技术规程[S]. 北京：中国建筑工业出版社,2011.

[7] 中华人民共和国住房和城乡建设部. GB 50010—2010 混凝土结构设计规范[S]. 北京：中国建筑工业出版社,2010.